U0457285

9E 燃气-蒸汽联合循环发电机组

运维技术

马建军　主编

中国电力出版社
CHINA ELECTRIC POWER PRESS

内 容 提 要

对燃气轮机进行合理的运行维护，对保证燃气轮机长期有效地工作具有非常重要的意义。

本书主要内容包括燃气-蒸汽联合循环的发展与特点、PG9171E 型燃气轮机性能型号参数及看图说明、PG9171E 型燃气轮机设备概述与规范、燃气轮机的启动与并网带负荷、正常运行的监视与调整、燃气轮机的停运与保养、辅机系统的运行、联锁保护及试验、事故处理等。

本书适合从事燃气-蒸汽联系循环发电机组运维的相关人员阅读。

图书在版编目（CIP）数据

9E 燃气-蒸汽联合循环发电机组运维技术/马建军主编. —北京：中国电力出版社，2023.10
ISBN 978-7-5198-8078-1

Ⅰ.①9… Ⅱ.①马… Ⅲ.①燃气－蒸汽联合循环发电－发电机组－运行②燃气－蒸汽联合循环发电－发电机组－维护 Ⅳ.①TM611.31

中国国家版本馆 CIP 数据核字（2023）第 159339 号

出版发行：中国电力出版社
地　　址：北京市东城区北京站西街 19 号（邮政编码 100005）
网　　址：http://www.cepp.sgcc.com.cn
责任编辑：宋红梅　董艳荣
责任校对：黄　蓓　朱丽芳
装帧设计：王红柳
责任印制：吴　迪

印　　刷：三河市百盛印装有限公司
版　　次：2023 年 10 月第一版
印　　次：2023 年 10 月北京第一次印刷
开　　本：787 毫米×1092 毫米　16 开本
印　　张：13.5
字　　数：293 千字
印　　数：0001—1500 册
定　　价：65.00 元

版 权 专 有　侵 权 必 究

本书如有印装质量问题，我社营销中心负责退换

编委会

主　　任　杨子江

副 主 任　王丙化

委　　员　魏　锋　蔡洪武　冯艳秋　司徒有功

　　　　　施　昊　刘海斌　周道兴　夏靖宇

主　　编　马建军

参编人员　金　石　仝　萧　赵明逸　张建兵

　　　　　王晓东　娄　琦　赵　万　刘一瑜

　　　　　陈　磊　于　金　庄　敏　邱　明

前言

　　燃气-蒸汽联合循环技术是从 20 世纪 50 年代开始进入发电领域的，20 世纪 80 年代以后燃气轮机的容量和热效率有了大幅度提高，常规燃油和燃气-蒸汽联合循环发电技术日趋成熟，加之世界能源结构有了重大变化，人们对环境保护的要求也日益加强，燃气轮机及燃气-蒸汽联合循环发电机组在电力系统中的地位逐渐增强。燃气轮机作为一种动力强劲的热动力装置，在航空器推进、舰船推进也有重要应用。因此，对燃气轮机进行合理的运行维护，对保证燃气轮机长期有效地工作具有非常重要的意义。

　　为了让广大从事燃气轮机发电机组运行维护人员熟练掌握机组运维技术，大唐江苏发电有限公司燃气轮机专业人员，通过长期与国内外燃气轮机技术专家交流学习，并根据 GE 公司提供的燃气轮机发电机组的图纸、资料，经过对图纸、资料的消化吸收后结合同类型电厂运行经验及大唐泰州热电有限责任公司实际生产经验，编写了本书，经过了机组长期运行的检验。本书不仅适用于 E 级燃气轮机发电机组，部分内容同样适用于 F 级燃气轮机发电机组，本书具有简明、系统、易懂、新颖的特点，内容突出重点、重视概念、联系实际、反应发展；其内容涵盖燃气轮机的基础知识、燃气轮机主辅机的各系统组成及原理、燃气轮机的启动与停运过程、燃气轮机运行中的监视及调整、燃气轮机运行中的事故处理等。从多个角度对 9E 型及同类型燃气轮机的运行、监控、试验、维护做了阐述。

　　本书根据相关设备资料和相关电力生产规程，结合 GE 公司生产的 E 级、F 级燃气轮机生产系统特点和运行管理要求进行编写，期间参阅了一些公开出版的教材、著作、论文和制造企业的技术资料。同时，大唐江苏发电有限公司领导及各级技术骨干提出了不少建设性的意见和建议，在此一并致以诚挚的谢意。

　　最后，感谢参与本书的策划人员和幕后工作人员！如有不妥之处，恳请大家批评指正。

编者

2023 年 5 月

目录

第一章

燃气 – 蒸汽联合循环的发展与特点

第一节 燃气轮机的发展简史

一、世界燃气轮机发展简史

燃气轮机是继汽轮机和内燃机问世以后，吸取了两者之长而设计出来的。它是内燃的，避免了汽轮机需要庞大锅炉的缺点；又是回转式的，免去了内燃机中将往复式运动转换成旋转运动而带来的复杂结构、磨损件多、运转不平稳等缺点。但由于燃气轮机对空气动力学和高温材料的要求超过其他动力机械，因此，发展燃气轮机并使之实用化，人们为之奋斗了很长时间。如果从 1891 年英国人约翰·巴贝尔（John Baber）申请登记第一个燃气轮机设计专利算起，经过了半个世纪的奋斗，到 1939 年，一台用于电站发电的燃气轮机（400kW）才由瑞士 BBC 公司制成，正式投运。同时 Heinkel 工厂的第一台涡轮喷气式发动机试飞成功，这标志着燃气轮机发展成熟而进入了实用阶段，在此以后，燃气轮机的发展是很迅速的。由于燃气轮机本身固有的优点和其技术经济性能的不断提高，它的应用很快地扩展到了国民经济的很多部门。

首先在石油工业中，由于油田的开发和建设，用电量急剧增加。建造大功率烧煤电站不具备条件（没有煤炭、交通不便、水源紧张、施工困难等），周期也不能满足要求。而燃气轮机电厂功率不受限制，建造速度快，对现场条件要求不高，油田有充足的可供燃用的气体和液体燃料。不少油田还利用开发过程中一时难以利用的伴生气作燃气轮机燃料，价格便宜，发电成本低，增加了燃气轮机的竞争力，所以在油田地区，燃气轮机装置被广泛应用，除用于发电外，还在多种生产作业中应用燃气轮机带动压缩机（例如天然气管道输送、天然气回注、气田采油等）和泵（例如原油管道输送和注水等）。其他工业部门，如炼油厂、石油化工厂、化工厂、造纸厂等；它们不仅需要机械动力，而且需要大量热（例如蒸汽），这时用燃气轮机来热电联供，在满足这两方面需要的同时，还能有效地节能，故应用发展较快。

实践证明，燃气轮机作为舰船推进动力，其优点显著，特别是排水量为数千吨的军舰，近一、二十年来所建造的大多是用燃气轮机作为推进动力，飞机上应用涡轮喷气发动机等航空燃气轮机时，不仅质量轻，功率大，且迎风面积小，效率高，适宜于高速飞行，故早在 50 年代就基本上取代了活塞式航空发动机。近十多年来，燃气轮机在电站中得到了迅速的发展，这是要引起我们足够重视的。由于燃气轮机启动迅速，且能在无外界电源的情况下启动，机动性好，用它带尖峰负荷和作为紧急备用机组，可保证电网的安全运行，因而被广泛地应用。在进入 20 世纪 80 年代以后，燃气轮机技术获得了迅速的发展，技术性能大幅度提高。单机功率已达 240MW（GT26），简单循环燃气轮机的效率达

43.86%（STIG-IM5000），已超过了大功率、高参数的汽轮机电站的效率，而燃气-蒸汽联合循环电站的效率更高达 55%，并正在向 60% 迈进。

先进的燃气轮机已普遍应用模块化结构。运输、安装、维修和更换都比较方便，而且广泛地应用了孔探仪、振动和温度监控、焰火保护等措施，其可靠性和可用率大为提高，指标已超过了蒸汽轮机电站的相应指标。此外，在环保方面，出于燃气轮机的燃烧效率很高，排气干净，未燃烧的碳氢化合物（CO、SO_x 等）排放物一般都能够达到严格的环保标准，再结合应用注水或注蒸汽抑制燃烧、干式低 NO_x 燃烧室，或者在排气管路中安装选择性催化还原装置（SCR）等技术措施，可使 NO_x 的排放浓度低至小于 $30mg/m^3$，满足国家的环保要求（NO_x 浓度小于或等于 $50mg/m^3$）。因此，燃气轮机发电机组，特别是燃气-蒸汽联合循环机组已作基本负荷机组或备用机组得到了迅速的应用。

1987 年，英国燃气轮机的产量首次超过了汽轮机的产量。据统计，从 1968 年初到 1992 年 5 月，世界范围内出售的燃气轮机发电机组有 9801 台，总装机容量达 2.38 亿 kW，而 1992 年的订货达 635 台，3174 万 kW。目前，全世界的装机容量正以约 20000MW 的速度增长。燃气轮机的发展重点还是围绕着增加单机功率，提高效率和经济性，燃用多种燃料和廉价燃料，减少对环境的有害影响来进行的。诸如加强高温材料的开发提高冷却技术，发展闭回路蒸汽冷却燃气轮机，发展新型航改型燃气轮机，开发先进的燃气轮机循环，进一步发展清洁煤技术等。燃煤的燃气-蒸汽联合循环是"煤的清洁燃烧"技术中最为令人瞩目的项目，是 20 世纪 90 年代到 21 世纪之初最有发展前途的方式。

到目前为止最具竞争力的方案有三个：

（1）增压流化床方案（PFBC）。

（2）增压流化床加炭化炉加顶置燃烧室方案（简称 CPFBC 燃气-蒸汽联合循环）。

（3）整体煤气化联合循环（IGCC）。

FBC 燃气-蒸气联合循环从 20 世纪 80 年代开始开发，到 1991 年世界上已有 3 个示范性的 PF-BC 电厂投运或调试，1991 年 9 月 15 日 ABB Carbon 公司建立在瑞典首都斯德哥尔摩市区的凡登电站的 PFBC 热电联供电厂已进入商业性运行。该电厂是由两套 P200 型 PF 配模块组成，其电功率达到 137MW，供热当量功率为 220MW，全厂的利用率为 88.7%，该厂调试运行情况良好，达到了预期效果，令人鼓舞。由于增压流化床锅炉的排气温度一般不超过 900℃，因此电厂效率很难超过 42%。为进一步提高效率，改善经济性，正在开发第二代 PFBC 联合循环，即由碳化炉＋增压流化床锅炉＋顶置燃烧室构成。该系统可将燃气轮机的透平进气温度提高到 1150℃ 以上，如与目前的 1260℃ 进口温度的燃气轮机配合应用，可获得 47%～48% 的热效率。随着 PFBC 蒸汽系统和碳化炉的改进，再配合高温高压比的航改型燃气轮机，近期内该系统的热效率还可能突破 50%。自 1984 年美国 Coolwater 电厂建成和投运以来，整体煤气化联合循环（IGCC）发电设备的优越性及其发展前景已为世人所共识。

燃气轮机的应用发展现已提高到总能系统的高度，它是当前世界节能技术的主要发展方向之一。能量的分级利用与综合利用的全能量系统工程的概念被普遍重视，以热电联产及热动联供为核心的总能系统同样有广阔的前景，今后在能量转换过程的系统中，燃气轮机将占更重要的位置，并将大量采用燃气轮机总能系统。

二、中国燃气轮机发展史

新中国成立前没有燃气轮机工业，新中国成立后，从无到有，全国各地试制过数十种型号的陆海空用途的燃气轮机。1956 年我国自制的第一批喷气式飞机试飞，1958 年起全国各地又有不少工厂设计试制过各种燃气轮机，下面作一概略的介绍（不包括航空发动机）。

上海汽轮机厂 1962 年试制船用燃气轮机，1964 年与上海船厂合作制成 750hp（550kW）自由活塞燃气轮机，1965 年制成 6000kW 列车电站燃气轮机，1971 年制成自行设计的 300kW 卡车电站燃气轮机，另外，同 703 所合作制造了 4000hp（3295kW）、600hp（441kW）、改装喷气发动机 25000hp（18380kW）等几种船用燃气轮机组。

哈尔滨汽轮机厂 1969 年制成自行设计的 3000hp（2.24MW）机车燃气轮机，制成 1MW 的自由活塞燃气轮机，另外，改装航空发动机 10000hp（7.35MW）及 22000hp（16.18MW）燃气轮机，1973 年与 703 所合作设计制造成 6000hp（4.41MW）船用机组，与长春机车车辆厂合作设计制成 4000hp（3.295MW）机车燃气轮机。20 世纪 80 年代又试验重油燃烧和匹配紧凑式回热器，以改善其技术经济性指标。

南京汽轮机厂 1964 年制成 1500kW 电站燃气轮机；1970 年试造了 50hp（37kW）泵用燃气轮机，1972 年制成自行设计的 100kW 电站燃气轮机，1977 年制成 20MW 快装电站燃气轮机，20 世纪 80 年代，同 GE 公司技术协作，生产出 PG6541B 型 36.6MW 燃气轮机，其中已有 3 台在深圳地区作为调峰电站投运发电，现正在开发以 PG6541B 型机组组成的 S106 和 S206 型式的两种联合循环发电站，并拟改造 PG6541B 型机组以适应 IGCC 发电技术的需要，开发 100MW 级的 IGCC 发电技术，其中煤气化技术由煤炭部负责完成，通过分工合作，促进这一新的发电技术在我国尽快进入商业化阶段。

除此之外，东方汽轮机厂 1978 年试制成 6MW 发电用燃气轮机；杭州汽轮机厂和青岛汽轮机厂 1972 年制成 200kW 燃气轮机；青岛汽轮机厂还制造了 1.5MW 自由活塞卡车电站；北京重型电机厂 1979 年改装涡轮螺桨发动机成 2MW 机组，在中原、克拉玛依等油田运行；成都发动机公司与 PW 公司和 TPM 公司于 1986 年签订了一起研制功率为 24.8MW，效率为 38.7％。从 20 世纪 60 年代末期开始，我国从瑞典、英国、加拿大、日本、美国等国引进了数十台燃气轮机，分别用于尖峰负荷电站、列车电站、基本负荷电站和输油管线上。进入 20 世纪 80 年代，随着国民经济的高速发展，特别是在经济特区、沿海和南方城市，普遍存在着电力建设跟不上国民经济发展的状况，解决电力供需矛盾已是燃眉之急，因此，纷纷引进技术建成了一批简单循环燃气轮机和燃气-蒸汽联合循环电站。

到 20 世纪 80 年代后期，装机总量已近 1800MW。进入 20 世纪 90 年代，发展速度更快，仅 1992 年，就向国外订购了 11 台大型燃气轮机。现阶段，由我国自主研制的燃气轮机也在快速发展、应用，燃气轮机电站正以其独具的优点，不断获得应用和发展。

第二节　燃气轮机发电设备技术特点

一、燃气轮机简单循环工作原理

燃气轮机兼有汽轮机与内燃机的双重特征。燃气轮机主要由压气机、燃烧室及透平三大部分组成，见图 1-1。正常工作时，高速旋转着的压气机通过进气口吸入大气环境中的空气，将其进行压缩后送入燃烧室，在燃烧室内向高压空气中喷入燃料并使其燃烧，从而高压空气变成了高温高压燃气。这股具有做功能力的高温高压燃气通过透平时将会膨胀做功，推动透平并带动压气机一起高速旋转。这样，燃气轮机燃料中的化学能转变成了机械功。透平中膨胀做功后降低了温度、压力的燃气，经过排气口排入大气。燃气轮机的这个热力过程在热力学中被称为布雷顿（Brayton）循环，见图 1-2。

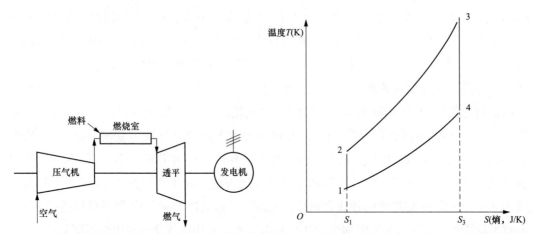

图 1-1　燃气轮机的基本结构　　　　图 1-2　燃气轮机简单循环的热力过程（布雷顿循环）

压气机不间断地吸入并压缩空气，燃烧室不间断地供入燃料，则透平将能不间断地做功。透平所做的机械功大约有 2/3 带动压气机，而剩下的大约 1/3 则成为有效功，通过输出轴向外输出。

二、燃气轮机的分类

燃气轮机按其轴式结构可分为单轴、分轴、双轴与多轴机组，见图 1-3；按其循环工质与大气的联系可分为开式循环与闭式循环，见图 1-4；按循环工质能量转换过程可分为简单循环与复杂循环，见图 1-5。

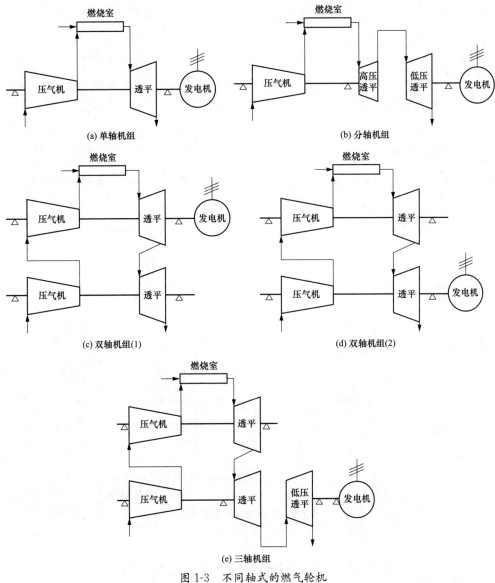

(a) 单轴机组

(b) 分轴机组

(c) 双轴机组(1)

(d) 双轴机组(2)

(e) 三轴机组

图 1-3 不同轴式的燃气轮机

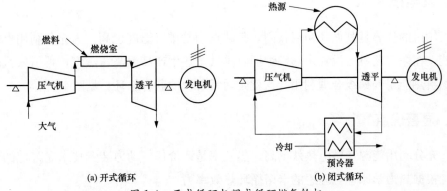

(a) 开式循环

(b) 闭式循环

图 1-4 开式循环与闭式循环燃气轮机

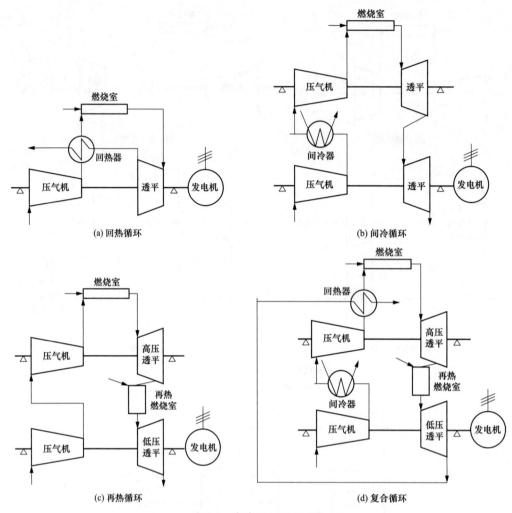

(a) 回热循环

(b) 间冷循环

(c) 再热循环

(d) 复合循环

图 1-5　复杂循环燃气轮机

第三节　联合循环发电技术与特点

一、发电技术

燃气轮机的优势是其循环初温较高，其缺点则是排气温度也高。为充分利用燃气轮机排气热能，在燃气轮机后设置余热锅炉回收排气余热生产高温高压蒸汽，再引入汽轮机做功，使燃料热能得到梯级合理利用，这就是通常所说的联合循环，见图 1-6。

二、显著优点

（1）充分利用能源，供电热效率高。热效率是评价任何动力装置技术完善性的最主要的指标。根据热力学原理，理想的卡诺循环热效率为

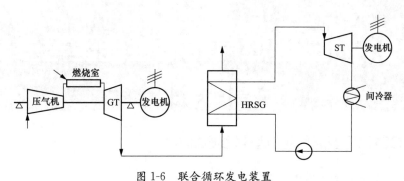

图 1-6　联合循环发电装置

GT—燃气轮机透平；HRSG—余热锅炉；ST—蒸汽轮机透平

$$\eta = (T_1 - T_2)/T_1$$

式中　T_1——循环的热源温度；T_2——循环的冷源温度。

（2）在联合循环中，作为热源的燃气轮机透平入口温度远高于一般汽轮机入口温度，而作为冷源温度的余热锅炉排烟和汽轮机排汽温度远低于一般燃气轮机的排气温度，因此联合循环的热效率一定显著高于燃气轮机或汽轮机热效率。在联合循环中，燃料热能得到了充分合理的梯级利用，它是现在实用工业发电方式中热效率最高的，目前，先进的联合循环机组供电效率已达 64% 左右。

（3）系统简单、操作灵活方便、机动性好，可以带基本负荷，也可以紧急备用与调峰运行。这些特点在简单循环燃气轮机中尤其突出。即使是联合循环其系统构成仍比常规蒸汽电厂简单得多，仍有燃气轮机灵活方便、机动性好的优点。

（4）建设投资少、周期短、占地面积小。近年来常规电厂造价都有明显提高，一般国产机组单位造价为 4000～5000 元/kW，进口机组为 7000～8000 元/kW，甚至更高。而燃气轮机与联合循环电厂造价明显较低。燃气轮机发电机组现在基本都是以"快装式"出厂。从设备到现场开始安装到完成试运验收，转入商业运行，一般仅用 4～5 个月。对于联合循环电厂也可以分期建设，先在短期内建成燃气轮机电厂，并投入运行，而第二期再完成蒸汽电厂的建设，组成联合循环。这对加快回收建设资金和满足电力负荷需要都是极为有利的。联合循环电厂占地面积仅是同容量常规火力发电厂的 30%～40%；其建筑面积仅是同容量常规火力发电厂的 20%。

（5）耗水量少。简单循环燃气轮机电厂耗水量仅是常规火力发电厂的 5%～10%，联合循环电厂的耗水量也仅是常规火力发电厂的 40%，这对于淡水资源较为缺乏的我国是非常重要的。

（6）环保性能好。燃煤是造成我国环境污染的一个主要因素。以天然气为燃料的燃气轮机或联合循环发电则对环境污染极小。

（7）有利于老厂改造。近年来，我国电力工业发展迅速，但仍有相当多容量的中小机组，它们技术性能落后，热效率低，亟待改造。用烧天然气的燃气轮机将现在蒸汽电厂改为联合循环电厂，是一条经济有效的改造途径。

第二章

PG9171E 型燃气轮机性能型号参数及看图说明

一、PG9171E 型燃气轮机型号参数简介

（1）PG：表示箱装式发电设备。

（2）9：表示设备系列号，即 9000 系列机组。

（3）17：表示机组大致的额定出力大小（万马力），即 17 万马力，约 12.5 万 kW。

（4）1：表示单轴机组。

（5）E：表示燃气轮机的型号，即 9 系列中的 E 型。

二、PG9171E 型燃气轮机性能参数简介

（1）天然气燃料基本负荷下主要性能参数。

ISO 工况：温度为 15℃，大气压为 101.3kPa，相对湿度为 60%。

（2）型式：轴流式水平布置，重型。

（3）级数：17 级（另有两级排气导向静叶 EGV1、EGV2）。

（4）IGV 型式：液压可调式（34°~86°）。

（5）额定转速：3000r/min—50Hz。

（6）进气流量：403.7kg/s。

（7）排气流量：414.75kg/s。

（8）压比：12.75。

（9）透平前温（T_3）：1124℃。

（10）排气温度（T_4）：546℃。

（11）额定出力：128.654MW。

（12）热效率：34.2%（联合循环为 67.4%）。

（13）热耗率：10633kJ/kWh。

三、部件代码及看图说明

（一）设备管路系统图标题号及代码

9E 燃气轮机的每一个系统都有一个标题号，有一个序号，并且还有一个系统代码，代码一般是此系统的英文缩写，如进气导叶系统，其代码为"IGV"，就是"INLET GUIDE VANE"三个英文单词的头一个字母的缩写。

各个系统对应的代码见表2-1。

表 2-1　　　　　　　　　　　　各个系统对应的代码

代码	系统中文名称	系统英文名称
LO	润滑油系统	LUBE OIL
HS	液压油系统	HYDROLIC SUPPLY
SM	启动系统	START MENS
IGV	进口可转导叶系统	INLET GUIDE VANE
CSA	冷却与密封系统	COOLING-SEALING AIR
PM	性能监测系统	PERFORMANCE MONITORING
GF	气体燃料系统	FUEL GAS
FP	火灾保护系统	FIRE PROTECT
IAR	进气加热系统	INLET AIR REHEATING
AIF	进气系统	AIR INLET FILTER
FHV	加热与通风系统	FLOW-HEATING-VENT
CC	压气机清洗系统	COMPRESSOR CLEAN
CW	内冷水系统	COOLING WATER
HGD	气体探测系统	HAZARDOUS GAS DETECTOR
FP	燃料清吹系统	FUEL PURGE

（二）系统部件代码的说明

9E燃气轮机的一些设备装置如压力开关、温度开关、液位开关、压力变送器等均采用数字加两个字母来表示，下面分别举例说明数字和字母代表的意义。

1. 主要数字码（不同的装置用特定的数字代表）

12——超速装置；

20——电磁阀；

23——加热装置；

26——温度开关；

33——位置开关；

43——手动开关；

45——火灾探测装置；

49——过载保护；

63——压力开关；

65——伺服阀；

71——液位检测；

77——速度传感器；

88——电动机；

90——调节阀；

96——压力变送器。

2. 主要字母码

第一个字母一般表示系统或装置的位置，第二个字母一般表示装置的用途或功能。

（1）第一个字母代表的意义：

Q——润滑油；

H——液压系统，加热器；

A——空气；

F——燃料、流量、火焰；

D——柴油机、分配器；

C——压气机、CO_2；

T——跳闸、燃气轮机；

P——吹扫；

W——水、暖机；

S——停、截止、速度、启动、开始；

G——气体；

⋮

以上字母一般都是其英文表意单词的第一个字母，如"T"代表跳闸、燃气轮机。而跳闸、燃气轮机的英文为"TRIP，TURBINE"，其第一个字母均为"T"。

（2）第二个字母代表的意义

A——报警、辅机、空气；

B——辅助启动、放气；

C——冷却、控制；

D——分配器、差值；

E——紧急；

F——燃料；

G——气体；

H——加热器、高值；

L——低值、液位、液体；

M——中值、中介、最小；

N——正常、通常；

P——压力、泵；

Q——润滑油；

R——释放、泄放、比率、棘轮；

S——启动、开始；

T——透平、跳闸、箱体；

V——阀、叶片；

⋮

以上字母一般也都是其英文表意单词的第一个字母，如"R"代表释放、泄放、比率、棘轮，而它们的英文为"RELEASE，RATIO，RACHET"，其第一个字母也均为"R"。

3. 数字和字母组合举例

63QA——润滑油压力报警开关。

63QT——润滑油压力跳闸开关。

26QT——润滑油温度高跳闸开关。

33CB——压气机放气阀（防喘阀）位置开关。

71QH——润滑油液位高开关。

88QA——辅助润滑油泵电动机。

20CB——压气机放气阀（防喘阀）、电磁阀。

⋮

4. 其他指示（名称）

有一些装置设备只是用字母来表示，一般都是用英文单词的第一个字母。这些部件主要都是一些阀门：

VPR——压力调节阀。

VR——压力释放阀。

VTR——温度调节阀。

NO——常开。

NC——常闭。

ND——通常脱离。

NR——通常缩回。

OL——润滑油。

OLT——控制油。

OH——液压油。

AD——压气机排气。

GF——燃料气。

OR——调节控制油。

AE——抽气。

WF——给水。

WR——回水。

WWL——热水回路。

PC——用户接口。

OD——回油。

PT——堵头。

S——观察窗。

T——温度表。

OLV——润滑油放气。

AV——放气。

SD——密封泄漏排放。

⋮

四、图例的说明

系统图的一些图例与平常用的热力系统图的符号有一些不同的地方，在此加以说明，以便大家能够很好地理解燃气轮机的系统图。下面列举一些常用的图形符号加以说明，主要包括四个方面，分别为管道上的图形符号、阀门、过滤器和分离器。

（1）管道跨越，不连接。其图形符号如图 2-1 所示。

（2）管道连接图形符号如图 2-2 所示。

图 2-1　管道跨越，不连接　　　　图 2-2　管道连接

（3）其他图例如图 2-3～图 2-9 所示。

(a) 压力气体管道

(b) 压力液体管道

图 2-3　压力管道　　　　图 2-4　节流孔

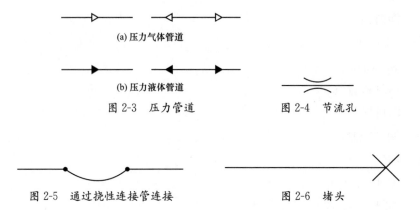

图 2-5　通过挠性连接管连接　　　　图 2-6　堵头

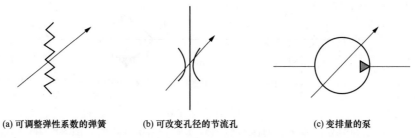

(a) 可调整弹性系数的弹簧　　　(b) 可改变孔径的节流孔　　　(c) 变排量的泵

图 2-7　可调的或者可变的

注：带斜向上 45°箭头（↗）的表示此部件是可调的或者可变的。

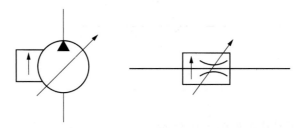

图 2-8　压力补偿的

注：带与短边平行箭头表示此部件是带压力补偿的。

（4）储存箱如图 2-10 所示。

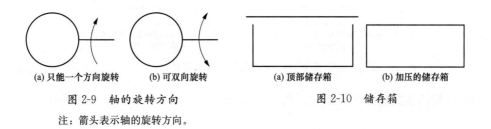

(a) 只能一个方向旋转　　(b) 可双向旋转　　　　(a) 顶部储存箱　　　(b) 加压的储存箱

图 2-9　轴的旋转方向　　　　　　　　　　图 2-10　储存箱

注：箭头表示轴的旋转方向。

（5）储能器如图 2-11 所示。

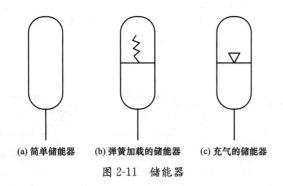

(a) 简单储能器　　(b) 弹簧加载的储能器　　(c) 充气的储能器

图 2-11　储能器

（6）冷却器如图 2-12 所示。

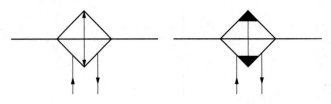

图 2-12　冷却器

注：三角形或者箭头表示热量散发的方向，方向往外表示往外散热，即为冷却器。

（7）加热器如图 2-13 所示。

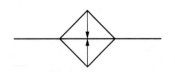

图 2-13　加热器

注：同冷却器一样，箭头表示往里加热。

（8）液动或气动的动作筒如图 2-14 所示。

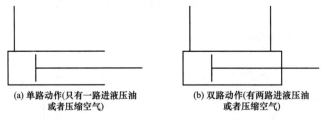

(a) 单路动作(只有一路进液压油　　　(b) 双路动作(有两路进液压油
　　或者压缩空气)　　　　　　　　　　或者压缩空气)

图 2-14　液动或气动的动作筒

（9）动作器和控制器如图 2-15、图 2-16 所示。

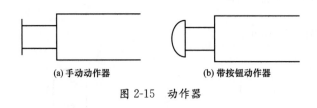

(a) 手动动作器　　　　　　　(b) 带按钮动作器

图 2-15　动作器

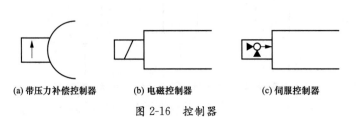

(a) 带压力补偿控制器　　　(b) 电磁控制器　　　(c) 伺服控制器

图 2-16　控制器

（10）复合的动作器如图 2-17 所示。

| (a) 单个信号 | (b) 与门 | (c) 或门 | (d) 与或门 |

图 2-17　复合的动作器

（11）液压泵如图 2-18、图 2-19 所示。

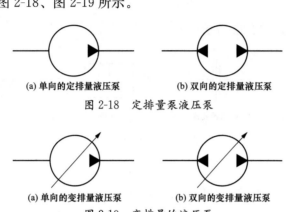

(a) 单向的定排量液压泵　　　　(b) 双向的定排量液压泵

图 2-18　定排量泵液压泵

(a) 单向的变排量液压泵　　　　(b) 双向的变排量液压泵

图 2-19　变排量的液压泵

（12）液压马达如图 2-20、图 2-21 所示。

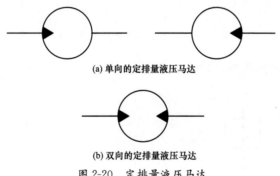

(a) 单向的定排量液压马达

(b) 双向的定排量液压马达

图 2-20　定排量液压马达

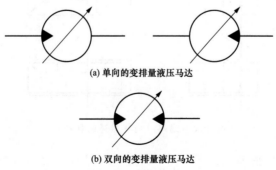

(a) 单向的变排量液压马达

(b) 双向的变排量液压马达

图 2-21　变排量液压马达

（13）电气马达如图 2-22 所示。

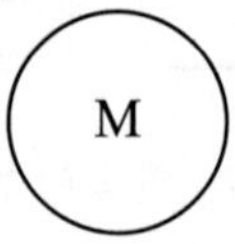

图 2-22　电气马达

（14）仪表及附件如图 2-23 所示。

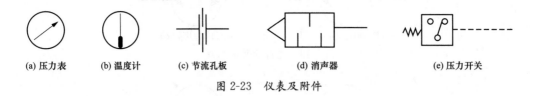

(a) 压力表　　(b) 温度计　　(c) 节流孔板　　(d) 消声器　　　(e) 压力开关

图 2-23　仪表及附件

（15）阀门。

1）堵头（内部不通的状态）如图 2-24 所示。

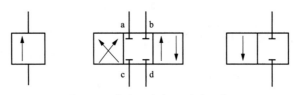

图 2-24　堵头（内部不通的状态）

2）通路（内接接通的状态）如图 2-25 所示。

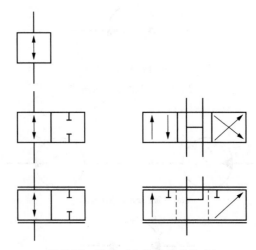

图 2-25　通路（内接接通的状态）

3）两通路阀如图 2-26 所示。

4）单向阀如图 2-27 所示。

5）两位置的两通路阀门如图 2-28 所示。

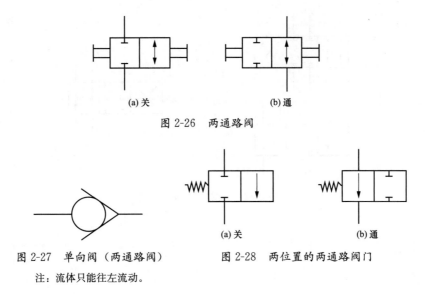

图 2-26　两通路阀

图 2-27　单向阀（两通路阀）
注：流体只能往左流动。

图 2-28　两位置的两通路阀门

6）不定位置的两通路阀门如图 2-29 所示。

7）三通路阀如图 2-30 所示。

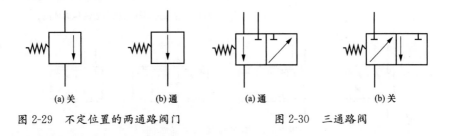

图 2-29　不定位置的两通路阀门　　　　　图 2-30　三通路阀

8）四通路阀如图 2-31、图 2-32 所示。

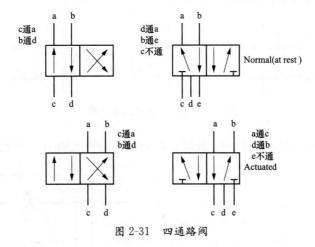

图 2-31　四通路阀

9）压力控制阀如图 2-33、图 2-34 所示。

10）不定位置的三通路阀如图 2-35 所示。

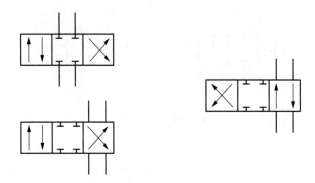

图 2-32　三位置的四通路阀

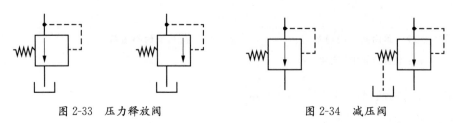

图 2-33　压力释放阀　　　　　　　　　图 2-34　减压阀

注：作用是不管进口压力至为多少，维持出口压力为一常数。

但必须要求进口压力比需要的压力要高。

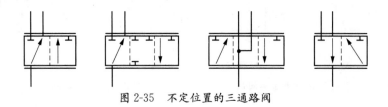

图 2-35　不定位置的三通路阀

11）不定位置的四通路阀如图 2-36 所示。

图 2-36　不定位置的四通路阀

12）流量控制阀如图 2-37 所示，流量控制阀和旁路阀组如图 2-38 所示。

图 2-37　流量控制阀　　　　　　　　图 2-38　流量控制阀和旁路阀组

（16）过滤器如图 2-39 所示。

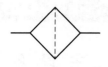

图 2-39　过滤器

（17）分离器如图 2-40 所示。

图 2-40　分离器

第三章

PG9171E 型燃气轮机设备概述与规范

第一节 主设备概述

　　PG9171E 型燃气轮机由一个额定功率为 1000kW 的启动电动机、一个 17 级的轴流式压气机、一个由 14 个分管式燃烧室组成的燃烧系统、一个 3 级透平转子组成。轴流式压气机转子和透平转子由法兰连接，并有 3 个支撑轴承。燃气轮机总质量为 214t，转子质量为 49.168t，额定转速为 3000r/min，逆时针旋转（顺气流方向）。轴系总长度为 9.4056m，1 阶临界转速为 1013r/min，2 阶临界转速为 1577r/min，3 阶临界转速为 2491r/min。

　　PG9171E 型燃气轮机是以 GE 公司早期成功的燃气轮机压气机为基础，压气机转子每级由单独的轮盘组成，通过拉杆螺栓与前后短轴相连。透平转子由三级组成，每级一个轮盘，透平转子轮盘的组装跟压气机相似，也是通过拉杆螺栓连接，而且还有两个隔板：其中一个隔板位于第一级和第二级轮盘之间，另一个位于第二级和第三级轮盘之间。透平的每级喷嘴扇形块采用精密铸造，其中二级和三级喷嘴由静态的复环支撑，该布置方式避免了高温燃气与透平缸体直接接触。燃气轮机转子的每级叶片也是采用精密铸造的长柄叶片，该特点的叶片有效地使转子轮缘和叶根与高温主燃气隔绝。为了燃气轮机拆卸解体方便，燃气轮机缸体和壳体采用水平中分结构，压气机排气包含在压气机排气缸和燃气轮机缸体内，14 个燃烧室外壳完全安装在燃烧室外套内，这样免去了燃烧筒的需要。

一、底盘和支撑

　　燃气轮机底盘是一个由钢梁和金属板焊接而成的钢结构件，燃气轮机安装在底盘上。形成了一个独立的平台提供燃气轮机安装支撑。另外，底盘还支撑着燃气轮机进气室。在底盘两侧横梁位置处各有两个吊耳和支撑。底部每侧各有三个机加工的垫块使其容易安装在基础上。在底盘上方有两个机加工的垫块用于安装燃气轮机后支撑。

　　燃气轮机通过立式支撑安装在底盘上。前支撑位于压气机前气缸垂直法兰的下半部，两个后支撑位于透平排气缸的两侧。前支撑是一个柔性板，用螺栓和销子固定在底盘前横梁，以及压气机前气缸的前法兰上。后支撑是腿式支撑，透平排气缸的每一侧各有一个。两个垂直的支撑腿位于底盘的加工垫块上，与透平排气缸的支撑垫块相连。支撑腿为气缸对中提供了中心线。每个后支撑腿外表面装焊了一个水套。冷却水循环通过套管从而将支撑腿的热膨胀降到最低，以维持燃气轮机和发电机之间的对中。支撑腿用于固定燃气轮机的轴向和垂直位置。与支撑腿相配的导向键用于固定燃气轮机的横向位置。透平排气缸下半部加工有导向键，与焊在底盘后横梁上的导向块配合。导向键被固定在导向块两侧的螺钉定位。这种布置在热膨胀引起透平轴向和径向移动的同时防止了透平侧移或转动。

二、压气机

轴流式压气机部分由压气机转子和封闭的静子气缸组成，在气缸上安装着压气机的 17 级静叶、进气导叶和排气导向叶片。在压气机内的空气由动叶（转子）和静叶（定子）一级一级地压缩，叶片高度由高向低逐级递减。从压气机抽取的压缩空气用于透平喷嘴和动叶的冷却、轴瓦的密封和燃气轮机启动时压气机的脉动控制。箱体外的电动机驱动风机用于透平缸体和排气框架的冷却。

一排可调静叶（IGV）在启、停机过程中，低转速时，控制进气角度（降低进气功角，功角过大，易引起叶背面进气气流旋转脱离，压气机喘振），防止压气机喘振；用在部分燃气轮机负荷带联合循环中，通过关小 IGV 角度，减小进气流量，提高燃气轮机排气温度，从而提高整体联合循环的热效率。EGV（排气扩压器）用于将旋转的压气机排气气流导向为径向的排气，保持燃烧的稳定。

气流流速（动能）的增加主要在动叶中完成，气流压力的增加（增压）主要在静叶中完成。另外，从压气机的第 11 级抽气（4 路）作为防喘放气支路，从第 5 级抽气（2 路）一部分作为燃气轮机轴承密封空气；一小部分作为透平第三级护环的冷却空气。透平的第 16 级后抽气径向流入第 16 级和第 17 级之间的叶轮间隙，然后流入转子的中心孔，此后流入透平冷却部件。排气作为透平 1 级喷嘴（NOZZLE）、1 级动叶（BUCKET）、2 级喷嘴、2 级动叶的冷却空气以及透平轮盘与喷嘴隔板之间的气封气源。压气机工作后的最终目的是对常温常压的进气流加压升温。

三、燃烧室

燃烧系统为分管回流型，14 个燃烧室沿圆周方向逆时针布置在压气机排气缸外围。该系统也包括燃料喷嘴、火花塞点火系统、火焰探测器和联焰管。燃烧室内燃料和空气混合燃烧产生的高温燃气驱动透平。来自压气机压缩后的高温（350℃左右）、高压（1.1MPa左右）空气进入燃烧室火焰筒，这些气体一部分通过过渡锥顶上的鱼鳞孔和两排一次射流孔进入燃烧区助燃，另一部分通过开启在火焰筒壁面上的许多排冷却孔，逐渐进入火焰筒中，并沿火焰筒内壁流动，形成一个温度较低的冷却空气膜，保护火焰筒免受烧损，满足透平叶片材质的长期运行的安全热疲劳温度（1200℃左右）。燃料通过用于将燃料和适当的燃烧空气配合并注入的喷嘴供入每一个燃烧室。顺气流方向看，燃烧室按逆时针方向从顶部开始编号。

四、透平

三级透平区域是压气机和燃烧室段产生的高压燃气热能转化成机械能的区域。每一级透平包括一个喷嘴和装有动叶的对应叶轮。透平区部件包括透平转子、透平缸、喷嘴、复环、排气缸和排气扩压段。

五、轴承

MS9001 燃气轮机包含 3 个用于支撑燃气轮机转子的主轴颈轴瓦，燃气轮机亦包括保持转子-定子轴向位置的推力轴瓦，这些轴瓦组件位于 3 个轴承箱内：一个位于进口，一个位于压气机排气缸，还有一个位于排气框架。所有的轴瓦是由润滑油系统供给的润滑油润滑的，润滑油通过润滑油支管进入各轴承座。

六、联轴器

联轴器将辅助齿轮箱发出的启动扭矩传输到燃气轮机轴流式压气机，以及将燃气轮机轴系的动力传输到发电机。

1. 辅助齿轮联轴器

为一个半柔性充油式联轴器，用于连接驱动燃气轮机轴系，位于压气机端的辅助设备。联轴器用于传递启动和驱动扭矩，同时调整燃气轮机转子相对辅助齿轮箱的轴向位移和中心偏差。这种联轴器可调整 3 种情况的偏差：角度、平行以及混合形式。

2. 负荷联轴器

为一个钢性的空心联轴器，连接燃气轮机和发电机转子轴系。联轴器的两端采用法兰螺栓连接。

七、罩壳

燃气轮机和相关的辅助设备在现场安装在罩壳内，使用罩壳的目的：为机组提供气候保护，罩壳内有气体泄漏探测及消防系统，为减少燃气泄漏以避免危险区出现配置冷却和通风系统，保护人员免受高温及火灾的危险；寒冷时期加热罩壳内设备。

八、进排气段

进气系统依次主要包含进气道、平板式消声器、位于进气弯道处的滤网系统、膨胀节，平板式消声器减少了压气机叶片转动引起的高频噪声。

在排气系统，燃气离开排气缸后到达位于排气室内的排气扩压器，随后进入余热锅炉。面向排气扩压器的排气室壁上，沿圆周布置有测量排气温度的热电偶。热电偶向燃气轮机温度控制和保护系统发出信号。排气室是一个侧面开口的箱子，焊接在专用的底盘上。排气室的绝热层提供隔热和隔声保护。从排气室开口处流出的气流流向膨胀节和排气段。

第二节　简单循环热力过程概述

一、燃气轮机理想简单循环

简单循环的燃气轮机，其通流部分由进排气管道和燃气轮机的三大件，即压气机，燃烧室、透平组成。从大气中吸取空气，透平排出的燃气又回到大气中去。

　　压气机中，空气被压缩，比体积减小，压力增加，因此，必须输入一定数量的压缩功。当忽略压气机与外界发生的热量交换时，这一压缩过程就是绝热的。如果过程进行得十分理想，没有摩擦和扰动等不可逆现象存在，那么这一过程就是理想绝热过程。

　　在燃烧室中，从压气机排出的高压空气与燃料喷嘴喷出的燃料混合燃烧，将燃料的化学能释放出来，转化为热能，使燃烧产物即燃气达到很高的温度，因此，这就相当于从外界吸收一定数量的热，使工质温度升高，比体积增大的加热过程。在这一燃烧加热过程中，工质只与外界有热量交换，并不对机器做功。空气或燃气在燃烧室中的流动过程伴随着损失，压力有所下降。但是设计良好的燃烧室中压力损失很小，因此，在进行理论分析时，可以认为燃烧室中工质压力保持不变，即燃烧室中的燃烧升温过程可以看作为一个定压加热过程。

　　从燃烧室出来的具有较高压力的高温燃气进入透平后，在透平中膨胀，带动压气机旋转，同时对外界输出一定数量的机械功。与此同时，工质的温度、压力下降，比容增加。在这一过程中透平机壳会对外界环境散热，但是由于燃气流量很大，燃气流过透平所需时间很短，因此对外界的散热相对很小。从而可以忽略对外界的散热而把透平中工质的膨胀做功过程当作绝热过程。在这一过程中，工质与外界只有机械功的传递而没有热量的交换。在没有摩擦等不可逆现象的情况下，透平中的膨胀可以看作是理想绝热过程。

　　燃气轮机排气经排气管道和烟囱排入大气，在大气中自然放热，温度降低到环境温度，也就是压气机进口空气的温度，当忽略排气系统压力损失时，在这一自然放热过程中，压力不变，因而是一个定压放热过程。

二、燃气-蒸汽联合循环

　　为了介绍燃气-蒸汽联合循环，需先介绍一下汽轮机循环。整个系统由锅炉、汽轮机、凝汽器和给水泵组成。给水泵将水供入锅炉中，加入燃料燃烧，把水加热成过热蒸汽。在理想情况下，水变成过热蒸汽是定压加热过程。高温高压蒸汽由锅炉出来进入汽轮机，在汽轮机中膨胀做功，在理想情况下为等熵膨胀过程。从汽轮机出来的蒸汽其压力和温度都大大降低了，进入凝汽器后，冷却变成凝结水。在理想情况下这是一个定压放热过程。凝结水经给水泵增压后进入锅炉，这是个绝热增压过程。这种简单的蒸汽动力装置的理想循环叫朗肯循环。

　　联合循环燃气轮机的方案有多种，最常用的一种燃气轮机配合余热锅炉的联合循环方案是以燃气轮机为主的联合循环方案。此联合循环方案是燃气轮机排气直接送入余热锅炉，产生蒸汽，驱动汽轮机做功。余热锅炉是气水、气汽两种热交换器的组合件。炉内一般不再喷入燃料燃烧。水在锅炉内由燃气轮机排气加热变为饱和蒸汽，再进入过热器变成过热蒸汽。因此，蒸汽参数及汽轮机的容量取决于燃气透平的排气参数和流量，通常汽轮机的容量为燃气轮机容量的 30%～50%，粗略考虑可当作 1/3～1/2。9E 燃气轮机排气参数下，得到的蒸汽压力约 6MPa（高压）、0.58MPa（低压），蒸汽温度为 530℃（高压）、254℃（低压）。

第三节 主机设备规范

主机设备规范见表 3-1～表 3-6。

表 3-1 燃气轮机（大气压力为 10164Pa，大气温度为 14.9℃，相对湿度为 79%）规范

序号	名称	参数	单位
1	型号	PG9171E	
2	燃料	天然气	
3	进气压降	872.109	Pa
4	排气压降	2746.8	Pa
5	输出功率	128.654	MW
6	热耗率	10633	kJ/kWh
7	热效率（联合循环）	67.4	%
8	透平排烟温度	546	℃
9	排气压力	2.8	kPa
10	排气流量	416.92	kg/s
11	燃气轮机转速	3000	r/min
12	转向	逆时针（顺气流方向）	
13	尺寸（长×宽×高）	10.7×5.1×5.1	m
14	比重量	1.7	kg/kW
15	最大允许负载运行频率	52.5	Hz
16	最小允许负载运行频率	47.5	Hz
17	燃料温度	27	℃
18	进口燃料压力	2400～2686	kPa
19	烟气密度	0.4344	kg/m³
20	标准状态 NO_x 排放量	≤50	mg/m³（15%氧气，干基）
21	标准状态 CO_2 排放量	≤30	mg/m³
22	噪声	85	dB
23	运行方式	联合循环	额定工况下

表 3-2 压 气 机 规 范

序号	名称	参数	单位
1	型式	轴流式	
2	IGV 型式	液压可调式	1 级
3	外壳连接方式	平面法兰连接	

续表

序号	名称	参数	单位
4	转速	3000	r/min
5	级数	17	级
6	进口导叶角度范围	34～86	(°)
7	进气温度	15	℃
8	进气压力	101300	Pa
9	进气流量	403.7	kg/s
10	压比	12.75	
11	初级叶片轮缘转速	339	m/s
12	第一级静叶数量	60	片
13	第一级动叶数量	32	片
14	末级静叶数量	104	片
15	末级动叶数量	56	片
16	叶轮安装螺栓数量	16	个

表 3-3　燃烧室规范

序号	名称	参数	单位
1	型式	分管回流式 DLN1.0	
2	数量	14	个
3	点火装置	2个电火花塞	11、12 号燃烧室内
4	火焰探测装置	8个紫外线火焰探测器	1、2、3、14 号燃烧室上
5	火焰筒与过渡段之间密封类型	弹性板	
6	外壳材料	ASTM A516（16MnR）GR55	
7	火焰筒材料	Hastolly X	
8	过渡段材料	Nimonic 263	

表 3-4　透平规范

序号	名称	参数	单位
1	型式	单轴、轴流式	
2	气缸连接方式	水平法兰连接	
3	级数	3	级
4	转速	3000	r/min
5	透平初温	1147（基本负荷） 1112（部分负荷）	℃
6	排烟温度	546.4	℃
7	末级叶片轮缘转速	435	m/s
8	末级动叶高度	0.614	m

序号	名称	参数	单位
9	第一级动叶高度	0.387	m
10	第一级动叶轮毂直径	1.621	m
11	叶轮安装螺栓数量	12	个

表 3-5 　　　　　　　　　　液 力 变 扭 器 规 范

序号	名称	参数	单位
1	型式	液力耦合式	
2	转速	2950	r/min
3	最大输出功率	1450	kW
4	工作油进油温度		℃
5	工作油出油温度		℃
6	润滑油进油温度		℃
7	润滑油出油温度		℃

表 3-6 　　　　　　　　　　燃气轮机发电机规范

序号	项目名称	参数	单位
1	型号	QFR-135-2J	
2	型式	全封闭、空冷、三相、隐极式同步发电机	
3	额定出力	135/158.8	MW/MVA
4	最大连续出力	148.5/172.9	MW/MVA
5	额定电压	13.8	kV
6	额定电流	6645	A
7	额定转速	3000	r/min
8	相数	3	相
9	额定频率	50	Hz
10	极数	2	极
11	绝缘等级	F（按 B 级温升考核）	级
12	频率变化	±2	%
13	电压变化	±5	%
14	失步能力	30	min
15	噪声	85	dB
16	额定冷却水温度	33	℃
17	额定冷却空气温度	40	℃
18	最高冷却水温度	39	℃
19	冷却水需求总量	260	m³/h
20	额定功率因数	0.85（滞后）	
21	发电机效率	大于 98.5%（在额定功率、额定条件下）	

续表

序号	项目名称	参数	单位
22	定子绕组连接	星形	
23	励磁方式	静态励磁	
24	中性点接地方式	发电机中性点高阻接地	
25	冷却方式	空冷	

第四节　辅机设备规范

辅机设备规范见表3-7～表3-27。

表 3-7　　　　　　　　　　　　　主 润 滑 油 泵 规 范

序号	名称	参数	单位
1	类型	双级齿轮泵	
2	流量	180	m^3/h
3	轴功率	128	kW
4	转速	1433	r/min
5	出口压力	0.689	MPa

表 3-8　　　　　　　　　　　　辅助润滑油泵 88QA 规范

序号	名称	参数	单位
1	类型	离心泵	
2	流量	180	m^3/h
3	额定功率	90	kW
4	电压等级	380	V
5	额定转速	3000	r/min
6	出口压力	0.689	MPa

表 3-9　　　　　　　　　　　　　直流油泵 88QE 规范

序号	名称	参数	单位
1	类型	离心泵	
2	流量	93.6	m^3/h
3	额定功率	7.5/125V DC	kW
4	转速	1750	r/min
5	出口压力	0.137	MPa

表 3-10　　　　　　　　　　主液压油泵规范

序号	名称	参数	单位
1	类型	容积泵（可调压变排量泵）	
2	流量	3.9	m^3/h
3	转速	1422	r/min
4	入口压力	0.175	MPa
5	出口压力	10.5	MPa

表 3-11　　　　　　　　　辅助液压油泵 88HQ 规范

序号	名称	参数	单位
1	类型	浸入式离心泵	
2	流量	3.04	m^3/h
3	额定功率	15	kW
4	电压等级	380	V
5	出口压力	10.8～15	MPa

表 3-12　　　　　　　　　　顶轴油泵 88QB 规范

序号	名称	参数	单位
1	类型	斜盘泵	
2	流量	2.16	m^3/h
3	额定功率	22	kW
4	转速	1750	r/min
5	电压等级	380	V
6	最大出口压力	30	MPa

表 3-13　　　　　　　　　　启动电动机 88CR 规范

序号	名称	参数	单位
1	安装方式	卧式	
2	型号	YCK450-2	
3	额定电压/频率/相数	$6.0\pm5\%/50\pm2/3$	kV/Hz/
4	额定电流	113	A
5	额定功率	1000	kW
6	最大功率	1450	kW
7	额定转速	2973	r/min
8	连续允许启动次数	3（每次间隔 20 分）	次
9	绝缘等级	F	级
10	外壳与通风	IP23, IP01	
11	运行系数（持续过载系数）	1.1	
12	脱扣转速	1800	r/min

续表

序号	名称	参数	单位
13	温升（满负荷时）	42	℃
14	满载电流	108.9	A
15	转子堵转电流	4.49 倍（489.2）	A
16	启动转矩	2025	N·m
17	工作转矩	3249	N·m
18	满载功率因数	0.931	
19	推荐润滑油	二硫化钼锂基脂	
20	转子材料	铜条	

表 3-14　　　　　　　　　　盘车电动机 88TG 规范

序号	名称	参数	单位
1	电动机绝缘	＞0.5MΩ	
2	电压等级	380	V
3	类型	交流电动机	
4	额定功率	30	kW
5	离合方式	自动	
6	啮合转速	120	r/min
7	运行最小轴承油压	约 0.19	MPa

表 3-15　　　　　　　　　　板 式 冷 油 器 规 范

序号	名称	参数	单位
1	冷却器类型	板式	
2	热负荷	900000	kJ/h
3	进水温度	58	℃
4	出水温度	66	℃
5	滑润油流量	120	m^3/h
6	滑润油入口温度	72.5	℃
7	滑润油出口温度	54	℃
8	油温控类型	温度调节阀	

表 3-16　　　　　　　　　　润 滑 油 过 滤 器 规 范

序号	名称	参数	单位
1	类型	筒式	
2	设计压力	8.5	MPa
3	油流量	150	m^3/h
4	滤芯孔径	5	μm
5	滤芯材料	合成纤维（外部带钢丝网）	

表 3-17   水 洗 模 块 规 范

序号	名称	参数	单位
1	水箱容量	7.5	m³
2	加药箱容量	24	m³
3	水洗泵容量	20	m³
4	水洗泵扬程	160	m
5	电动机额定功率	30	kW

表 3-18   发 电 机 空 冷 器 规 范

序号	名称	参数	单位
1	冷却类型	空冷	
2	冷却器数量	4	组
3	停用一组冷却器时发电机允许出力	75	%
4	正常运行水压力	0.3	MPa
5	最大允许运行水压力	0.8	MPa
6	最大空气或水入口温度	33	℃
7	最大空气或水出口温度	40	℃
8	冷却器水压头损失	0.19	MPa
9	管材	304 钢	
10	壳、水室、管板	Q235	

表 3-19   相 关 辅 机 设 备 规 范

序号	名称	功率（kW）	电压（V）	电流（A）	转速（r/min）	接法
1	88QV-1/2	15	380	27.9	2910	△
2	88GV-1/2	4	380	3.7	1450	Y
3	88TK-1/2/3	55	380	99.6	2955	△
4	88BT-1/2	37	380	59.7	980	△
5	88VG-1/2	18.5	380	35.1	1465	△
6	88VL-1/2	4	380	8.9	1435	Y
7	88TM-1	1.5	380	4.7	3000	△

表 3-20   电 加 热 器 规 范

序号	逻辑名称	功率（kW）	电压等级（V AC）
1	23HA	15.6	380
2	23HA-11	3.9	380
3	23HA-12/13/14/15/16	15	380
4	23HT	15.6	380
5	23CR-1/2/3	0.05	220
6	23VG-1/2	0.05	220

续表

序号	逻辑名称	功率（kW）	电压等级（V AC）
7	23BT-1/2	0.05	220
8	23TK-1/2/3	0.05	220
9	23QB-1/2	0.1	220
10	23QV-1/2	0.05	220
11	23GV-1/2	0.05	220
12	23HQ-1	0.05	220
13	23QA-1	0.05	220
14	23TG-1	0.05	220
15	23QT-1	10.2	380

表 3-21　　　　　　　　　　　　　透平监测系统主要规范

序号	代号	名称	功能及参数
1	28FD-1S/4P	紫外线式火焰探测器	检测 1 号燃烧室燃烧区有火焰
2	28FD-2S/3P	紫外线式火焰探测器	检测 2 号燃烧室燃烧区有火焰
3	28FD-3S/7P	紫外线式火焰探测器	检测 3 号燃烧室燃烧区有火焰
4	28FD-14S/8P	紫外线式火焰探测器	检测 14 号燃烧室燃烧区有火焰
5	39V-1A/1B	透平 1 号瓦振动传感器	报警：12.7mm/s；跳闸：25.4mm/s
6	39V-2A	透平 2 号瓦振动传感器	报警：12.7mm/s；跳闸：25.4mm/s
7	39V-3A/3B	透平 3 号瓦振动传感器	报警：12.7mm/s；跳闸：25.4mm/s
8	77HT-1/2/3、77NH-1/2/3	磁性测速探头	跳闸：3300r/min
9	95SG-11/12	点火激励器	150～220V AC，50Hz
10	95SP-11/12	点火火花塞	11 号/12 号
11	CT-IF-1/2	压气机进气温度	K 型热电偶
12	CT-IF-3/R	压气机进气温度	PT100
13	CT-DA-1/2	压气机排气温度	K 型热电偶
14	BT-TA1-2/5/8	主推力瓦温度	报警：129℃
15	BT-TI1-2/5/9	副推力瓦温度	报警：129℃
16	BT J1-1/2、BT J2-1/2、BT J3-1/2	1、2、3 号瓦温度	报警：129℃
17	TT-XD-1～24	透平排气热电偶	K 型热电偶

表 3-22　　　　　　　　　　　　　发电机轴系统主要规范

序号	代号	名称	功能及参数
1	BT-GJ1	发电机 1 号瓦温度	95℃高报警，100℃高高报警
2	BT-GJ2	发电机 2 号瓦温度	95℃高报警，100℃高高报警

序号	代号	名称	功能及参数
3	LT-G1D	发电机前轴承回油温度	70℃高报警，75℃高高报警
4	LT-G2D	发电机后轴承回油温度	70℃高报警，75℃高高报警
5	39V-4A/4B	发电机1号瓦振动传感器	报警：12.7mm/s； 跳机：25.4mm/s
6	39V-5A	发电机2号瓦振动传感器	报警：12.7mm/s； 跳机：25.4mm/s
7	39VS-91/92	发电机前轴承轴振	报警峰峰值：165μm
8	39VS-101/102	发电机后轴承轴振	报警峰峰值：165μm

表 3-23　　　　　　　　　　**转速继电器整定值规范**

逻辑名称	定值		说明
	逻辑值为"1"	逻辑值为"0"	
L14HR	降速≤0.06%	升速>0.41%	零转速继电器
L14HTG	升速≥4%	降速<3.3%	低速盘车转速继电器
L14HT	升速≥8.4%	降速≤3.2%	启动延时继电器
L14HM	升速≥10%	降速≤9.5%	最小（点火）转速继电器
L14HA	升速≥50%	降速≤46%	加速转速继电器（启机加速）
L14HC	升速≥60%	降速≤50%	自持转速继电器（启动电动机脱扣）
L14HF	升速≥95%	降速≤90%	励磁机起励继电器
L14HS	升速≥95%	降速≤94%	运行转速继电器（最小运行转速）

表 3-24　　　　　　　　　　**FSR（燃料控制）定值规范**

序号	代号	名称	定值（%）
1	FSKSU_FI	点火 FSR	1.6
2	FSKSU_WU	暖机 FSR	0.8
3	FSKSU_AR	启动加速 FSR 限制	7.8
4	FSKSU_IA	启动加速斜率	0.1%/s
5	FSRMIN	最小	7.54
6	FSRMAN	最大	100

表 3-25　　　　　　　　　　**启动/停机计时器规范**

序号	代号	名称	定值（s）
1	L2TV	透平清吹	468
2	L2F	点火	10
3	L2W	暖机	60

表 3-26　　　　　　　　　　　　　　　轮间温度极限值规范

序号	温度测点位置	正常运行两点温度平均最大值	
		℃	°F
1	透平轮间第一级前温度 TT-WS1F1-1/2	427	800
2	透平轮间第一级后温度 TT-WS1FAO-1/2	510	950
3	透平轮间第二级前温度 TT-WS2FO-1/2	510	950
4	透平轮间第二级后温度 TT-WS2AO-1/2	482	900
5	透平轮间第三级前温度 TT-WS3FO-1/2	510	950
6	透平轮间第三级后温度 TT-WS3AO-1/2	454	850

表 3-27　　　　　　　　　　　　　　　燃气轮机电磁阀说明

代号	设备名称	带电	失电
20CB-1	防喘放气阀控制电阀	防喘阀放气阀关闭	防喘阀放气阀打开
20FGS-1	天然气截止速比阀电磁阀	天然气截止速比阀打开	天然气截止速比阀关闭
20HT-1	进气加热控制阀电磁阀	进气加热控制阀关闭	进气加热控制阀打开
20PS-1	天然气紧急放散控制电磁阀	天然气紧急放散阀关闭	天然气紧急放散阀打开
20VS4-1	天然气紧急切断阀控制电磁阀	天然气紧急切断阀打开	天然气紧急切断阀关闭
20TU-1	液力变扭器充油泄油电磁阀	液力变扭器充油	液力变扭器泄油
20TV-1	IGV 控制电磁阀	进气可转导叶可控	进气可转导叶不可控
20VG-11	DLN 阀站放散电磁阀	DLN 阀站放散阀关闭	DLN 阀站放散阀打开
20VG-3	燃料清吹放散电磁阀	燃料清吹放散阀打开	燃料清吹放散阀关闭
20TW-1	离线水洗进水阀控制电磁阀	离线水洗进水阀可控	离线水洗进水阀不可控
20PG-3/4	燃料清吹阀控制电磁阀	气体燃料清吹阀关闭	气体燃料清吹阀打开
0FGC-1/2/3	燃料控制阀电磁阀	燃料控制阀可控	燃料控制阀不可控

第四章

燃气轮机的启动与并网带负荷

第一节 燃气轮机启动前准备

一、燃气轮机正常启动条件

（1）燃气轮机检修或调试结束并有验收交接报告后，燃气轮机方可正常启动。

（2）所有影响燃气轮机启动的相关工作票应全部终结，相关的安全措施全部恢复。当班值长应向检修各专业确认该专业设备已具备启动条件，燃气轮机启动检查表已签字完毕。

（3）大修、中修后启动机组前要对燃气轮机进行高速盘车，确认振动正常、压气机和透平转动部分无异常响声、润滑油压力正常后方可启动机组。

（4）燃气轮机长期停运状态下，启动前至少提前 4h 投入盘车。

（5）燃气轮机启动必须接到值长命令。

二、禁止机组启动的条件

（1）发生严重漏油。

（2）启动联轴节故障。

（3）控制系统故障。

（4）启动设备故障。

（5）压气机进口可转导叶 IGV 故障。

（6）防喘放气阀故障。

（7）发生过超速、超温、超振故障，并未消除或找到故障原因。

（8）火焰探测器故障。

（9）天然气截止阀故障。

（10）发生主要设备故障未找出原因，未进行消除。

三、燃气轮机启动前检查

燃气轮机启动前必须按表 4-1 对燃气轮机进行全面检查，已确认燃气轮机具备启动条件。

表 4-1　　　　　　　　　　　　　　**燃气轮机启动前检查表**

| \multicolumn{5}{l}{TCC 控制室检查项目及要求} |
序号		检查项目	要求状态	实际状态
1	电源开关柜	进线开关 41A0211	电压 380V AC，运行状态正常	
		进线开关 42A0211	电压 380V AC，备用状态正常	
		联锁开关	"AUTO（自动）"位	
		所有电动机开关	控制方式"AUTO"位	
		润滑油加热器 23QT 电源开关	"AUTO"位	
		轮机间加热器 23HT 电源开关	断开	
		辅机间加热器 23HA 电源开关	断开	
		DLN 阀室空间加热器（23HA-11）电源开关	断开	
		DLN 阀室进气加热器（23HA-12～16）电源开关	断开	
		发电机及励磁机防凝结加热器 23HG 电源开关	合上	
		MCC 柜内空气开关	位置正确	
2	发电机保护柜	电子读数电度表	各读数显示正常	
		液晶显示屏	无异常报警	
		调节操作模式选择开关	"AUTO"灯亮	
		发电机保护装置	无保护动作	
		励磁保护装置	无异常报警	
		柜内空气开关	位置正确	
3	火灾柜	"OPEERATION"灯	亮	
		火灾报警	无	
4	危险气体	45HT-1/2/3，45HT-4/5/6，45HA-1/2/3	无报警	
5	MARK-VIe 控制系统	R、S、T 三机	RUNNING 灯闪亮	
		操作系统	正常	
		报警画面	无异常报警	
\multicolumn{5}{l}{直流系统检查项目及要求}
序号		检查项目	要求状态	实际状态
1		1、2 号充电机交流电源开关	合上	
2		直流母线电压	125V DC	
3		蓄电池浮充电流	13A	
\multicolumn{5}{l}{润滑油系统检查项目及要求}
序号	设备名称	检查项目	要求状态	实际状态
1	油箱	油箱油位	>1/2	
		油箱放油阀 HV400/401	关闭	
2	润滑油冷却器	投运状况	一运一备	
		排污阀 HV110/120	关闭	
		切换阀	位置正确	

续表

序号		检查项目	要求状态	实际状态
3	润滑油油滤	投运状况	一运一备	
		放油阀 HV210/220	关闭	
4	压力开关/压力变送器	63QQ-21/22 前后隔离阀 HV210/211/220/221	打开	
		63QQ-21/22 试验阀 HV212/222	关闭	
		63QQ-8 前后隔离阀 HV102/109	打开	
		63QQ-8 试验阀 HV104	关闭	
		63QA-2 前隔离阀 HV300	打开	
		63QA-2 试验阀 HV301	关闭	
		96QA-2 前隔离阀 HV302	打开	
		96QA-2 试验阀 HV303	关闭	
		63QT-2A/2B 前隔离阀	打开	
5	88QA-1	电动机绝缘	>0.5MΩ	
6	润滑油取样阀	润滑油滤前取样阀 HV100	关闭	
		润滑油滤后取样阀 HV101	关闭	
7	液力变扭器油管	液力变扭器充油滤网前隔离阀 HV107	打开	
		液力变扭器充油滤网排空阀 HV106	关闭	
		液力变扭器充油滤网排污阀 HV105	关闭	

液压油系统检查项目及要求				
序号	设备名称	检查项目	要求状态	实际状态
1	液压油油滤	63HF-1 前后隔离阀 HV110/111	打开	
		63HF-1 试验阀 HV112	关闭	
		液压油滤 FH2-1 防气阀 VAB1	关闭	
		液压油滤 FH2-1 泄压阀 VR21	关闭	
		液压油滤 FH2-2 防气阀 VAB2	关闭	
		液压油滤 FH2-2 泄压阀 VR22	关闭	
		FH2-1、FH2-2 联通阀 HV100	关闭	
		液压油滤切换阀 VM4	位置正确	
		投运状况	一运一备	
2	88HQ-1	电动机绝缘	>0.5MΩ	
3	63HQ-1	63HQ-1 前隔离阀 HV120	打开	
		63HQ-1 试验阀 HV121	关闭	
4	AH1-1	AH1-1 前隔离阀 HV500	打开	
		AH1-1 泄压旁路阀 HV501	关闭	

启动系统检查项目及要求				
序号	设备名称	检查项目	要求状态	实际状态
1	88CR-1	电源开关	工作位，远控	
		电动机绝缘	>6MΩ	

续表

序号	设备名称	检查项目	要求状态	实际状态
2	88TG-1	电动机绝缘	>0.5MΩ	
3	88TM-1	电动机绝缘	>0.5MΩ	
4	火花塞	95SP-11/12	向下插入无卡涩	

冷却水系统检查项目及要求				
序号	设备名称	检查项目	要求状态	实际状态
1	发电机空冷器	空冷器进水隔离阀（4个）	打开	
		空冷器出水隔离阀（4个）	打开	
		空冷器进水进口排污阀（4个）	关闭	
		空冷器出水出口放气阀（4个）	关闭	
2	燃气轮机本体	内冷却水进口总隔离阀	打开	
		内冷却水出口总隔离阀	打开	
3	润滑油冷却器	运行状态	运行	
		润滑油冷却器进口隔离阀	位置正确	
		润滑油冷却器出口隔离阀	位置正确	
		润滑油冷却器温度调节阀 VTR1-1	位置正确	
4	其他	火焰探测器冷却水进水隔离阀（8个）	打开	
		火焰探测器冷却水出水隔离阀（8个）	打开	
		透平左侧支撑腿冷却水排气阀 HV119	关闭	
		透平右侧支撑腿冷却水排气阀 HV118	关闭	

水洗系统检查项目及要求				
设备名称		检查项目	要求状态	实际状态
本体阀门		排气室低位排放阀（3个）WW4	关闭	
		压气机进气室低位排放阀 IE4	关闭	
		压气机水洗进水电动隔离阀	关闭	
		压气机水洗进水隔离阀前排放阀	打开	
		20TW-1 后低位排放阀 WW12	关闭	

密封、冷却系统检查项目及要求				
序号	设备名称	检查项目	要求状态	实际状态
1	阀门	压气机防喘放气阀控制气源 BV120	打开	
		压气机压力传感器 96CD 控制气源 BV400	打开	
		启动失败排放阀控制气源 BV200	打开	
		十一级抽气去轴封供气阀前隔离阀 BV110	打开	
		燃料清吹控制气源 PA-3 底部排放阀 HV201	关闭	
		五级抽气去轴封隔离阀 BV100	打开	
		五级抽气去轴封隔离阀前低位排放阀 BV101	关闭	
		五级抽气气水分离器低位排放阀 BV102	关闭	
		十一级抽气去轴封隔离阀 VA14	打开	

续表

序号	设备名称	检查项目	要求状态	实际状态
2	88VG-1/2	电动机绝缘	>0.5MΩ	
3	88BT-1/2	电动机绝缘	>0.5MΩ	
4	88TK-1/2/3	电动机绝缘	>0.5MΩ	
5	88GV-1/2	电动机绝缘	>0.5MΩ	
6	96CD-1A/1B/1C	96CD-1A/1B/1C 前隔离阀 HV401/HV403/HV405	打开	
		96CD-1A/1B/1C 试验阀 HV402/HV404/HV406	关闭	

油雾分离器系统检查项目及要求			
序号	检查项目	要求状态	实际状态
1	88QV-1/2 电动机绝缘	>0.5MΩ	
2	差压变送器 96QQ-10/96QQ-20	完好	
3	油箱负压变送器 96QV-1	完好	

进气反吹系统检查项目及要求			
设备名称	检查项目	要求状态	实际状态
进气反吹	就地控制柜	正常	
	就地指示灯显示状态	正常	
	电源开关位置	ON	
	反吹控制开关	AUTO	
	反吹空气进口隔离阀 HV100	打开	
	反吹空气压力	正常	
	反吹压力开关 63CA-1	完好	

进气加热系统			
设备名称	检查项目	要求状态	实际状态
进气加热	进气加热手动隔离阀 VM15-1	打开	
	进气加热手动隔离阀低位排放阀 HV500	关闭	
	进气加热电动排放阀 VA30-1	关闭	
	进气加热控制阀前变送器 96BH-1 前隔离阀 HV100	打开	
	进气加热控制阀后变送器 96BH-2 前隔离阀 HV200	打开	

空气压缩机系统检查项目及要求			
序号	检查项目	要求状态	实际状态
1	空气压缩机出口隔离阀	打开	
2	两组干燥剂	一运一备	
3	空气压缩机润滑油油位计	油位正常	
4	空气压缩机润滑油底部排放阀	关闭	
5	空气压缩机缓冲罐低部排放阀	关闭	
6	空气压缩机缓冲罐出口隔离阀	打开	

序号	检查项目	要求状态	实际状态
7	压缩空气初滤进口隔离阀	打开	
8	高压储气罐进口隔离阀	打开	
9	高压储气罐底部排污阀	关闭	
10	高压储气罐出口隔离阀	打开	
11	高压储气罐压力	>0.6MPa	
12	精过滤器底部排污阀	关闭	
13	精过滤器进口隔离阀	打开	
14	精过滤器出口隔离阀	打开	
15	燃气轮机储气罐进口隔离阀	打开	
16	燃气轮机储气罐出口隔离阀	打开	
17	仪用空气管道排污阀	关闭	
18	仪用空气罐底部排污阀	关闭	
19	仪用空气罐压力	>0.6MPa	

火灾保护系统检查项目及要求			
序号	检查项目	要求状态	实际状态
1	CO_2 出口初放/续放隔离阀（区域1）	打开	
2	CO_2 出口初放/续放隔离阀（区域2）	打开	
3	CO_2 出口初放/续放隔离阀（区域4）	打开	
4	CO_2 紧急手动释放阀（区域1）	完好	
5	CO_2 紧急手动释放阀（区域2）	完好	
6	CO_2 紧急手动释放阀（区域4）	完好	
7	CO_2 罐测重装置	无报警	
8	罩壳外频闪光灯及报警器	完好	
9	消防按钮	完好	
10	CO_2 罐闭锁插销	已全部拔出	

顶轴油系统			
序号	检查项目	要求状态	实际状态
1	88QB-1/2 电动机绝缘	>0.5MΩ	
2	顶轴油泵进口隔离阀	打开	
3	顶轴油泵进口压力开关前隔离阀	打开	
4	顶轴油泵出口隔离阀	打开	
5	两台顶轴油泵调压阀	正常	
6	顶轴油滤网压差指示	正常	
7	顶轴油出口母管压力开关前隔离阀	打开	
8	4、5号瓦顶轴油压力表前隔离阀	打开	
9	顶轴油进口母管压力变送器	完好	
10	顶轴油出口母管压力变送器	完好	

续表

天然气前置系统检查项目及要求			
设备名称	检查项目	要求状态	实际状态
前置模块	天然气前置进气截止阀、放散阀控制气源总阀	打开	
	天然气前置过滤分离器	一运一备	
	运行过滤分离器进、出口隔离阀	打开	
	备用过滤分离器进、出口隔离阀	关闭	
	过滤器底部排污阀	关闭	
	各压力表、液位计、压力开关、变送器取样阀	打开	
	入口紧急切断阀旁路阀	关闭	
天然气调压站系统检查项目及要求			
设备名称	检查项目	要求状态	实际状态
天然气调压站	天然气调压站控制间内各控制柜	正常	
	天然气入口单元	正常	
	天然气计量单元	正常	
	天然气过滤单元	正常	
	天然气加热单元	正常	
	天然气调压单元	正常	
	天然气出口单元	正常	
	天然气检测系统	正常	
燃气轮机操作画面检查项目及要求			
设备名称	检查项目	要求状态	实际状态
燃气轮机 MARK-Vie 操作界面	燃气轮机发电机运行模式	GEN	
	控制系统调节模式	Droop	
	启动检查"Start Check"画面各项	正常通过	
	跳闸项目"Trip Diagram"画面各项	无报警	
	"DLN-ICV"画面中的"LEAN-LEAN BASE"靶标	退出"OFF"	
	"IGV CONTROL"画面中的"IBH Valves Control"靶标	退出"OFF"	
	压气进口可转导叶 IGV 角度	≥31°	

第二节　燃气轮机启动操作及注意事项

一、燃气轮机正常启动

（1）检查确认启动前无异常，燃气轮机启动准备就绪后，使用燃气轮机控制间座机电话向当班值长申请："燃气轮机具备启动条件，申请启动"。得到值长同意后方可启动。

（2）检查燃气轮机盘车连续运行正常。检查确认燃气轮机 MARK-Vie 操作界面报警栏内无影响燃气轮机正常启动的异常报警。点击"Start up"画面中"master Reset"主复位，"Diagnostic Reset"诊断复位。

（3）进入"Control"画面的"Start-up"子画面，点击"Mode Select"栏目下的"Auto"靶标，"Auto"灯亮。

（4）进入"Control"画面的"Start-up"子画面，点击"Master Control"栏目下的"Start"靶标并确认，发启动令，30s后88CR-1启动，确认设备（参数）符合下列要求：

1）燃气轮机进入启动程序，"Status"栏目显示：STARTING。

2）启动电动机88CR-1启动，盘车电动机88TG-1停运，88QE-1启动测试5s后停运，88VL-1/2启动，88BT-1/2投运，液力变扭器电动机88TM-1启动，将液力变扭器角度由43°调至68°，辅助液压泵88HQ-1启动，液压油压力正常（9.3MPa以上）。

（5）当透平转速继电器14HT带电时，88VG-1/2启动，进行天然气泄漏试验，检查VSR-1瞬间开启后关闭。DLN1.0启动泄漏试验过程如下：

1）DLN1.0启动泄漏试验开始条件：主保护L4为1，前置进气截止阀打开后，FPG1≥2.0626MPa，未选择离线水洗且未选择off、crank、cooldown模式，天然气温度不低，L14HT＝1（TNH≥8.4%），开始启动泄漏试验，L3GLT＝1，计时170s，L3GLT＝0。

2）泄漏试验A段：速比阀、控制阀、排空阀20VG-1保持关闭状态，若30s（K86GLT1）内FPG2≤0.689MPa（K86GLTA，100psi），A段检漏合格；若30s内FPG2＞0.689MPa，则A段检漏失败，燃气轮机跳闸。

3）泄漏试验B段：A段检漏完成后（L86GLT1＝1），控制阀、排空阀20VG-11保持关闭，速比阀打开6s（K86GLT2），然后关闭，此时FPG2输入计数器FPG2LATCH，若10s（K86GLT3）内FPG2＜0.935×FPG2LATCH，则B段检漏失败，燃气轮机跳闸；若10s内FPG2≥0.935×FPG2LATCH，则B段检漏成功。20VG-11失电打开排空阀，70s（K86GLT4）后，L86GLT4＝1，L3GLT＝0，气体燃料启机泄漏检测完成（L3GLTSU_TC），整个过程共计116s，延时3s，L3GLTSUTC_AC＝1，发启动泄漏试验完成报警。

（6）当透平转速继电器14HM带电时，88GV-1/2启动，液力变扭器电动机88TM-1启动，液力变扭器角度由68°调至50°，进入清吹程序，清吹10.6min后，88TM-1启动，液力变扭器角度由50°调至15°，20TU-1电磁阀失电泄油。

（7）透平转速下降至12%TNH（燃气轮机额定转速）时，进入点火程序进行点火，确认设备（参数）符合下列要求：

1）主画面显示：

"Status"栏目显示：FIRING；

"Speed Level"栏目显示：14HM。

2）天然气截止速比阀、燃料控制阀打开，燃料冲程基准FSR升至点火值。

3）30s内至少有两个火焰检测器检测到火焰信号，燃气轮机点火成功。

4）燃气轮机点火成功后，20TU-1电磁阀带电进油，进入暖机程序，暖机1min。

5）画面显示：

"Startup Status" 栏目显示：WARMING UP；

"Speed Level" 栏目显示：14HM。

6）燃气轮机点火成功 2s 后 88TM-1 启动，将液力变扭器角度由 22°调至 68°。进入"MONITOR" 栏目的"EXHAUST" 子栏目，检查火焰强度、排烟温度及排烟分散度等参数。

（8）暖机结束后，燃气轮机开始升速，燃气轮机加速过程中应注意监视各轴承的振动值和排烟分散度。

燃气轮机各轴瓦振动画面如图 4-1 所示。

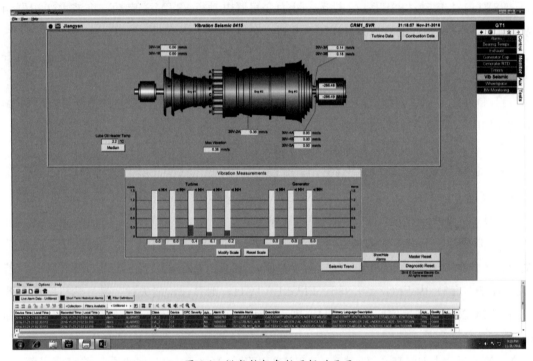

图 4-1　燃气轮机各轴瓦振动画面

（9）透平转速升至额定转速的 30％时，顶轴油泵 88QB-1/2 停运。

（10）透平转速升至额定转速的 42％～48％r/min 时进入一阶临界振动，记录此时最大的振动值及对应测点和透平转速。

（11）透平转速继电器 14HC 带电，88CR-1 停运，至辅机间检查确认 88CR-1 电动机转速下降至零，燃气轮机进入自持转速阶段，确认设备（参数）符合以下要求：

1）主画面显示："Startup Status"；

栏目显示：ACCELERATING；

"Speed Level" 栏目显示：14HC。

2）20TU-1 失电，L20TU1X 为由"1"转"0"，液力变扭器泄油脱扣。

（12）当透平转速升至 70％～89％TNH（额定转速）时，进入二阶临界振动，记录此时最大振动的转速、测点和振动值。检查 IGV 角度从 34°至 57°。

燃气轮机透平排烟温度画面如图 4-2 所示。

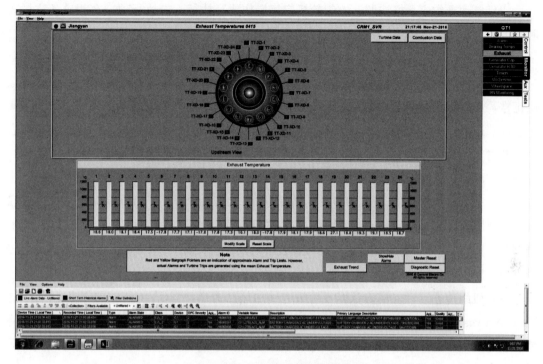

图 4-2　燃气轮机透平排烟温度画面

（13）透平转速继电器 14HS 带电时，确认下列设备（参数）符合以下要求：

1）主画面显示："Startup Status"；

栏目显示：ACCELERATING；

"Speed Level" 栏目显示：14HS。

2）辅助润滑油泵 88QA-1，辅助液压油泵 88HQ-1 停运。88TK-1 启动，11s 后 88TK-2 启动。

3）检查确认励磁系统自动启励，记录全速空载励磁电流值。检查发电机出口电压已升至额定值。

（14）升速至空载全速：

1）画面显示："Startup Status"；

栏目显示："FULL SPEED NO LOAD"；

"Speed Level" 栏目显示：14HS。

2）检查确认天然气 DLN 阀站进口压力，排烟分散度，火焰强度，润滑油母管压力、温度，液压油压力，各轴瓦振动、瓦温、回油温度等无异常，燃气轮机无异常报警。

3）现场检查无异常。

二、燃气轮机启动操作注意事项

（1）启机操作期间，对讲机应保证随时与主控室联系畅通。进行发启动令操作，并网操作时应通过就地控制室电话座机向当班值长申请，得到值长同意后方可进行相关操作。

（2）启动操作应严格按照《燃气轮机启机操作票》执行。未执行项应在相应备注栏表明原因。

（3）发燃气轮机启动令前，应与热机值班员确认，余热锅炉烟气挡板已确处在开位。

（4）发启动令燃气轮机启动电动机 88CR 启动前，应与电气值班员确认，相应 6kV 电压正常，燃气轮机 88CR 具备启动条件。

（5）透平转速继电器 14HS 带电时，若 88HQ-1 未能自动停运励磁系统不会自动启励，此时需要手动停运 88HQ-1，然后至"Gen/Exciter"界面，在"EX Regulator"栏目下点击"START"手动启励。

（6）透平转速继电器 14HS 带电时，检查燃气轮机启动程序正常，但无法正常自动启励时，则进入"Gen/Exciter"界面，在"CONTROL SELECTION"栏目下点击"RESERT TRANSFER"靶标，对励磁系统进行复位，再至"EX Regulator"栏目下点击"START"手动启励。

（7）机组冷态启动前应确认燃气轮机进气加热已退出，"IGV CONTROL"画面中的"IBH Valves Control"靶标选择为"OFF"。如果靶标选择为"ON"，则进气加热系统将使燃气轮机较早进入预混燃烧状态，排烟温度较高，不利于锅炉安全运行，因此满负荷运行稳定前该功能暂不选择为"ON"。

第三节　燃气轮机并网、升负荷

一、燃气轮机并网前准备

（1）确认燃气轮机达到 FSNL（空载全速）状态，现场全面检查确认燃气轮机运行无异常后，再进行并网操作。

（2）确认励磁机正常投入，且发电机机端电压在正常范围内，系统电压在正常范围内。

（3）燃气轮机并网应按值长命令进行，正常选用自动准同期并网方式。

二、燃气轮机并网

（1）现场检查无异常后，使用燃气轮机控制间座机电话向值长申请："1 号/2 号燃气轮机具备并网条件，申请并网"。得到值长允许后方可进行操作。

（2）进入"Control"画面的"Synchronize"子画面，点击"Sync OPTIONS"栏目下"KV/KVAR CONTROL"的"Raise"或"Lower"靶标，调节发电机电压稍高于系统电压，点击"Sync Ctrl"栏目下的"Auto Sync"靶标，"Auto Sync"灯亮，同期表正转。燃气轮机自动同期并网，发电机出口开关"52L"图标由绿转红，DCS 电气界面相应的开关已合闸。

（3）自动同期并网成功后，确认下列设备（参数）符合以下要求：

画面显示："StartupStatus"；

栏目显示：LOADING；

"Speed Level"栏目显示：14HS。

燃气轮机"Synchronize"同期画面如图 4-3 所示。

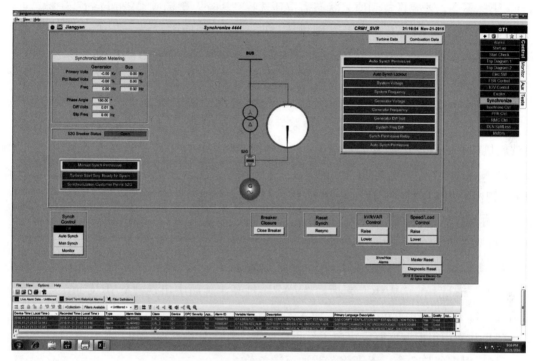

图 4-3　燃气轮机"Synchronize"同期画面

三、燃气轮机升负荷

（1）燃气轮机自动带旋转备用负荷 5MW。

（2）根据热机需求正常升负荷。

（3）燃气轮机负荷选择：

1）如需带基本负荷操作如下：进入"Control"画面的"Start-up"子画面，点击"Load Select"栏目下"Base Load"靶标，"Base Load"灯亮。燃气轮机开始升负荷，"Speed/Load Control"栏目下"Raise"靶标闪，带至基本负荷（燃气轮机排气温度 TTXM 达到当时状态下的温控线）后，"Raise"靶标不闪。

画面显示：

"Startup Status"栏目显示：BASE LOAD。

2）如需带预选负荷操作如下：进入"Control"栏目，点击此栏目下的"Setpoint"靶标，输入预选负荷的数值，再点击"Load Select"栏目下的"Preselect"靶标，"Preselect"灯亮，燃气轮机开始升负荷，"Speed/Load Control"栏目下"Raise"靶标闪，带至指定预选负荷（预选负荷设定值一般在旋转备用负荷～基本负荷之间）后，"Raise"靶标不闪。

画面显示：

"Startup Status"栏目显示：PRESELECT LOAD。

（4）若因为某种扰动使燃气轮机退出基本负荷或预选负荷，"Base"靶标或"Preselect"靶标不亮，若要恢复到原来状态需重新选择"Base"靶标或"Preselect"靶标。

（5）若要手动调整有功负荷，则进入"Control"画面的"Start-up"子画面，点击"SPEED/LOAD CONTROL"的"Raise"或"Lower"键，调整有功负荷。

（6）若要手动调整无功负荷，则进入"Control"画面的"Start-up"子画面，点击"VAL CONTROL"的"Raise"或"Lower"键，调整无功负荷。

（7）投燃气轮机发电机功率因数控制（根据要求选择）：燃气轮机负荷大于 30MW，燃气轮机功率因数与设定值之差小于 0.02 且稳定时可投功率因数。在 MARK-VIe 上操作：进入"Control"画面的"Start-up"子画面，点击"Generator Mode"栏目下的"PF"靶标，"PF"灯亮，画面中出现"PF Control"栏目，点击此栏目下的"Setpoint"靶标，输入功率因数数值。

（8）投燃气轮机发电机恒无功控制（根据要求选择）：

在 MARK-VIe 上操作：进入"Control"画面的"Start-up"子画面，点击"Generator Mode"栏目下的"VAR"靶标，"VAR"灯亮，画面中出现"VAR Control"栏目，点击此栏目下的"Setpoint"靶标，输入无功数值。

（9）并网后根据调度要求决定 1 号主变压器中性点处中性点接地开关状态。

（10）根据值长命令，逐渐将负荷加至满负荷。

（11）并网后带负荷至 10MW 时（如投入进气加热系统），IGV 的角度将从 57°关小至 42°，VA20-1 则开大至 99%。升负荷过程中，负荷升至约 90MW 时，IGV 开始逐渐开大，VA20-1 则逐渐关小；直至带满负荷，IGV 角度为 84°，VA20-1 开度为 0%。

四、燃气轮机并网、升负荷注意事项

（1）若发电机同期未成功，同期装置将自动退出。此时应点击"RESYNC"靶标，燃气轮机重新启动同期装置进行同期。

（2）在负荷调整时必须注意 DLN 燃烧模式切换正常，确保顺利进入预混稳定燃烧模式。

（3）燃气轮机调整负荷是应尽可能避开 DLN 燃烧模式切换负荷点。

（4）机组运行在"扩散贫-贫模式（LL-EXTENDED）"燃烧模式下燃烧温度过高，氮氧化物排放量增多，故不建议在此模式长时间运行。

（5）机组在"LL-NEG"燃烧模式下运行时，不允许继续升负荷，否则将进入"LL-EXTENDED"燃烧模式下运行。

第五章

正常运行的监视与调整

第一节　机组正常运行主要参数控制

一、燃气轮机的转速限制

燃气轮机正常运行时转速为 3000r/min（100%TNH），燃气轮机电子超速保护动作的转速为 3300r/min（110%TNH）。

二、燃气轮机、发电机各轴承的振动限制

轴瓦振动速度报警值大于或等于 12.7mm/s，轴瓦振动速度跳闸值大于或等于 25.4mm/s，燃气轮机各轴承轴振报警值大于或等于 0.165mm。

三、透平排烟温度限制

透平排烟温度 TTXM（其值为去除 24 个排烟热电偶中最高值、最低值及故障排烟热电偶后的平均值）正常值为 525～594℃，报警值大于或等于 TTRXB+14℃，跳闸值大于或等于 TTRXB+22℃或 627℃。

四、透平排烟分散度限制

燃气轮机的第一（TTXSP1）、第二（TTXSP2）、第三（TTXSP3）最大温度差都受燃气轮机控制系统根据燃气轮机运行状态计算出来的允许最大温差限制，该限制保护在燃气轮机转速达运行转速 14HS 后延时 60s 投入。其保护设置如下：

1. 报警设置

（1）当 TTXSP1＞TTXSPL 且延时 3s 后，燃气轮机控制系统将发出"COMBUS-TION TROUBLE"，即"燃烧故障"报警。

（2）当 TTXSP3＞TTXSPL 且延时 3s 后，燃气轮机控制系统将发出"COMBUS-TION TROUBLE"，即"燃烧故障"报警。

（3）当 TTXSP1＞5×TTXSPL 且延时 4s 后，燃气轮机控制系统将发出"EXHAUST THERMOCOUPLE TROUBLE"，即"排烟热电偶故障"报警。

2. 跳闸设置

（1）当 TTXSP1＞TTXSPL 且 TTXSP2＞0.8×TTXSPL 时，排烟最低温度热电偶与次低温度热电偶位置相邻，延时 9s 后燃气轮机控制系统将发出"HIGH EXHAUST TEMPERATURE SPREAD TRIP"，即"排烟分散度高跳闸"（条件遮断）。

（2）当 TTXSP1＞5×TTXSPL 且 TTXSP2＞0.8×TTXSPL，排烟次低温度热电偶与

次次低温度热电偶位置相邻，延时 9s 后燃气轮机控制系统将发出"HIGH EXHAUST TEMPERATURE SPREAD TRIP"，即"排烟分散度高跳闸"（条件遮断）。

（3）当 TTXSP3＞TTXSPL，延时 9s 后燃气轮机控制系统将发出"HIGH EX-HAUST TEMPERATURE SPREAD TRIP"，即"排烟分散度高跳闸"（非条件遮断）。

五、轮间温度限制

透平各轮间，在内径和外径处都分别以两点热电偶测取其温度值。机组在启动过程中以及稳定运行过程中，每侧面的一对温度平均值和每对温度差值都有所限制，在表 5-1 情况下，控制系统将发出报警。

表 5-1 控制系统报警值 ℃

两点（每对）温度 热电偶测取位置	电偶代号	两点（每对）温差高报警值	两点（每对）温度平均值高报警值	
			非稳定运行过程	稳定运行过程
一级叶轮前内径处	TWS1FI1，2	65.5	456.6	426.7
一级叶轮后外径处	TTWS1AO1，2	65.5	548.9	510
二级叶轮前外径处	TTWS2FO1，2	65.5	548.9	510
二级叶轮后外径处	TTWS2AO1，2	65.5	521.1	482.2
三级叶轮前外径处	TTWS3FO1，2	65.5	548.9	510
三级叶轮后外径处	TTWS3AO1，2	65.5	465.6	454

注 1. 非稳定运行过程指燃气轮机在启动完成后 60min 之前的运行过程。
2. 稳定运行过程指燃气轮机在启动完成后的 60min 之后的运行过程。

六、温度控制

温度控制参数见表 5-2。

表 5-2 温度控制参数

序号	代号	名称	参数
1		天然气调压站出口温度	正常：27～40℃
2	FTG	机组进口天然气温度	正常：27～40℃
3	CTD	压气机出口空气温度	正常：300～380℃
4	LTTH	润滑油母管温度	正常：52～56℃；报警：68℃；跳闸：82℃
5	LTOT	润滑油油箱温度	正常：58～65℃；低报警21℃，联启油加热器；低报警12.7℃，禁止机组启动
6	LTBT1D、LTB1D、LTB2D、LTB3D	燃气轮机各轴承回油温度	相对润滑油母管温升报警：高报警Ⅰ≥LTTH＋30℃，高报警Ⅱ≥LTTH＋40℃；定值保护报警：燃气轮机各轴承回油温度高报警Ⅰ≥100℃，高报警Ⅱ≥111℃

续表

序号	代号	名称	参数
7	LTG1D，LTG2D	发电机轴承回油温度	高报警Ⅰ≥92℃，高报警Ⅱ≥95℃
8	BTTI1-2，5，9、BTTA1-2，5，8、BTJ1-1，2、BTJ2-1，2、BTJ3-1，2	燃气轮机各轴承瓦温	高报警：129℃
9	BTGJ1-1，2、BTGJ1-1，2	发电机各轴承瓦温	高报警：92℃；高高报警：95℃
10	DT-GGC-10，11	发电机空冷器冷风风温	正常：40～48℃；高报警：50℃
11	DT-GGH-18，19	发电机空冷器热风风温	正常：70～85℃；高报警：100℃
12	DT-GSF-1，2，3、DT-GSA-4，5，6	发电机定子绕组温度	正常：70～110℃；高报警：130℃
13	DT-GSF-31，32，33、DT-GSA-34，35，36	发电机定子铁芯温度	正常：70～120℃；高报警：130℃
14		透平左右支撑腿冷却水回水温差	正常：<2℃
15		闭式冷却水温度进水正常值	正常：25～35℃

七、压力控制

压力控制参数见表 5-3。

表 5-3　　　　　　　　　压力控制参数

序号	代号	名称	参数
1		天然气调压站出口压力	正常：2.4～2.686MPa
2	FPG1	机组进口天然气压力	正常：2.4～2.6686MPa，低报警Ⅰ2.24MPa，低报警Ⅱ2.1MPa，高报警2.69MPa
3	QAP2	润滑油母管调压阀前润滑油压力	正常 0.55～0.60MPa，低报警 0.294MPa
4	QGP	润滑油母管发电机后轴承润滑油压力	正常 0.12～0.13MPa，低报警 0.081MPa
5	AFPCS3	进气滤网压损 AFPCS3	正常 30～80mmH$_2$O

八、角度控制

角度控制参数见表 5-4。

表 5-4　　　　　　　　　角度控制参数　　　　　　　　　（°）

序号	名称	参数
1	IGV 角度	正常：34～86
2	液力变扭器角	正常：43～68

九、液位控制

液位控制参数见表 5-5。

表 5-5 　　　　　　　　液 位 控 制 参 数

名称	参数
润滑油油箱液位	正常：480～525mm； 低报警：406mm； 油面距油箱底部距离：—

十、发电机电压控制

发电机电压控制参数见表 5-6。

表 5-6　　　　　　　　发电机电压控制参数　　　　　　　　　　　kV

名称	参数
发电机电压控制	正常：13.2～14.3

第二节　燃气轮机 DLN1.0 系统的运行方式

一、概述

1. 初级燃烧（PRIMARY）

燃料只送往一次喷嘴，只在燃烧室一区中有火焰，这种运行模式用来点火、加速，使燃烧运行在低、中负荷，直到燃烧温度基准 TTRF1 达到 899℃/1650°F。

2. 贫-贫模式（LL-POS）

燃料送往一次和二次喷嘴。在一次区、二次区中都有火焰。这种运行模式用于透平入口温度在 899℃/1650°F 与 1077℃/1970°F 之间时。

3. 预混稳定模式（PM-SS）

燃料送往一次和二次喷嘴。在一区、二区中都有火焰。TTRF1 达到 1077℃/1970°F 时开始切换，直到燃气轮机控制方式转为温度控制，这是最佳的排放运行模式。

二、DLN 模式介绍

1. DLN1.0 模式的初级燃烧模式（PRIMARY MODE）

初级燃烧模式下，燃料只送往一次喷嘴。只在燃烧室一区中有火焰。这种运行模式用来点火、加速，使燃气轮机运行在低、中负荷，直到燃烧温度 TTRF1 达到 898.9℃（1650°F）。这种模式下，DLN1.0 与标准燃烧系统的氮氧化物和一氧化碳排放水平相似。

2. DLN1.0 模式的贫-贫燃烧模式（LEAN-LEAN MODE）

贫-贫燃烧模式下，燃料送往一次和二次喷嘴。在一区、二区中都有火焰，此模式介于 PRIMARY MODE 和 SECONDARY TRANSFER MODE 之间。此模式运行在燃烧温度基准 TTRF1 在 898.9℃（1650°F）与 1077℃（1970°F）之间，此运行模式下 VGC-1 与 VGC-2 均开启。

3. DLN1.0 模式的二次切换模式（SECONDARY TRANSFE MODE）

（1）二次切换模式下，燃料送往二次喷嘴和切换喷嘴。只在燃烧室二区中有火焰。此模式是介于贫-贫模式和预混合模式之间的过渡模式。为了燃料再次进入初级预混区前把一区火焰熄灭。

（2）清吹阀 VA13-3/4 关闭，VGC-3 逐渐开启、VGC-1 逐渐关闭，进入一区燃料逐渐减少，进入二区燃料逐渐增多，直到所有燃料进入二区。由于 VGC-1 控制阀关闭，一区没有燃料熄火，燃烧只发生二区。当燃烧温度 TTRF1 达到 1077℃（1970°F）时开始二次切换模式。

4. DLN1.0 模式的预混切换模式（PREMIX TRANSFER MODE）

预混切换模式紧接着二次切换模式，VGC-1 关闭 5s 后，再次逐渐打开，VGC-2 逐渐关小至 1.3% 后再次逐渐开大；进入一区燃料逐渐增多，燃料预混后进入二区燃烧；VGC-3 逐渐关闭，进入二区燃料逐渐减少，最终约 81% 的燃料在一区混合，但不发生燃烧，燃烧只发生在二区。

5. DLN1.0 模式的预混合稳定模式（PREMIX STEAD-STATE）

在预混合稳定模式下，燃料同时进入一次和二次喷嘴。一区彻底混合燃料和空气，均匀地把未燃烧的混合物送往二区燃烧，此时仅二区中有火焰。该模式是 NO_x 和 CO 最佳排放的运行模式。

6. DLN1.0 模式的扩散贫-贫模式（EXTENDED LEAN-LEAN MODE）

在 TTRF1 达到 1096℃（2005°F）时，一区和二区同时有火焰，此模式下 NO_x 和 CO 排放很高，无法达到严格的排放指标。通常由于切换中出现燃烧故障或者选择了"LEAN-LEAN BASE" ON 按钮等引起。在此模式运行将大幅缩短燃烧部件寿命，特别是在高负荷时，燃烧部件的维修系数是预混合稳定模式下的 10 倍。因此，强烈建议不在次模式下长时间运行。

7. DLN1.0 模式的负荷恢复模式（LOAD REJECTION RECOVERY）

负荷恢复模式是用于在发电机断路器跳闸后对透平的保护。在 PREMIX TRANSFER MODE 或者 PREMIX STEAD-STATE 时，当 FSR 突然减小（断路器在运行中跳闸，燃气轮机甩负荷）时会激活此模式。燃料控制阀就接到指令运动到一个预定的位置，一区和二区都进入燃料，并在一区再点火，燃烧室切回到正常运行的 PRIMARY 燃烧模式，维持空载全速运行。

8. DLN1.0 模式的贫-贫负模式（LEAN-LEAN NEGATIVE）

在燃气轮机降负荷退出预混合稳定模式时进入此模式。此模式发生在燃烧温度 TTRF1 1075℃ 与 1049℃ 之间，之后进入 LEAN-LEAN MODE（LL_POS）模式。

三、DLN1.0升降负荷切换

1. 升负荷时 DLN1.0 切换

（1）从燃气轮机点火到 TTRF1 达到 899℃（1650°F）过程都是"PRIMARY MODE"模式，VGC-1 打开，VGC-2、VGC-3 保持关闭，燃料全部进入一区，并在一区燃烧，A、B、C、D 4 个有火焰，E、F、G、H 4 个无火焰。清吹启动，VA13-3/4 保持打开，20VG-3 保持失电关闭。

（2）当 TTRF1 升至 899℃（1650°F）后，燃气轮机负荷在 50～60MW 之间时，DLN 由"PRIMARY MODE"切换到"贫−贫正模式（LL-POS）"模式，此时，VGC-1 打开、VGC-2 逐渐打开，VGC-3 保持关闭，燃料同时进入一区和二区，并同时在一区和二区燃烧，A、B、C、D、E、F、G、H 均有火焰。清吹启动，VA13-3、VA13-4 保持打开，20VG-3 保持失电关闭。密切注意二区 4 个火焰的火焰强度，在"START UP"画面会同时显示 8 个火焰。如果切换时火焰出现闪烁，应迅速将负荷设定点进一步提高，并观察火焰的情况。

（3）当燃烧温度基准 TTRF1 升至 1077℃（1970°F）时，燃气轮机负荷在 80～90MW 之间，DLN 由"LL-POS"切换到"PM-SS"模式。首先清吹退出，VA13-3、VA13-4 关闭，20VG-3 带电打开；然后 VGC-3 逐渐打开，VGC-2 保持打开，VGC-1 逐渐关闭，直到完全关闭，此时燃料通过 VGC-2、VGC-3 全部进入二区，并在二区燃烧，一区由于 VGC-1 完全关闭，没有燃料进入一区，一区火焰熄灭，画面只有 E、F、G、H 4 个火焰，这个过程就是"SECONDARY TRANSFE MODE"模式。

（4）VGC-1 关闭 5s 后逐渐打开，VGC-2 逐渐关小至 1.3％左右后再逐渐打开，VGC-3 逐渐关闭直到完全关闭，然后清吹启动，VA13-3、VA13-4 打开，20VG-3 失电关闭，这个过程就是"PREMIX TRANSFER MODE"。"PREMIX TRANSFER MODE"完成后就进入"预混稳定模式（PM_SS）"，大约 81％的燃料通过 VGC-1 进入一区，19％的燃料通过 VGC-2 进入二区，一区只发生混合，所有燃烧在二区进行，A、B、C、D 无火焰，E、F、G、H 有火焰，NO_x 和 CO 排放达到最佳。

（5）若切换中出了燃烧故障等，一区会再点火，一区和二区都会有火焰，进入"EXTENDED LEAN-LEAN MODE"，此时 NO_x 排放量很高。若要进入"PREMIX STEAD-STATE"，采取降负荷回到"LEAN-LEAN MODE"，再升负荷，使燃气轮机进入"PREMIX STEAD-STATE"。当选择了"LEAN-LEAN BASE"后，燃气轮机也会进入"EXTENDED LEAN-LEAN MODE"。此模式也能运行，通常会在调试时选择启动"LEAN-LEAN BASE"。

2. 降负荷时的 DLN1.0 切换

（1）当 TTRF1 降至 1049℃/1920°F 时，燃气轮机负荷在 50～60MW 之间，VGC-3 不动作，清吹保持启动，VGC-1 与 VGC-2 开度一致，正常发出点火指令（L3FXTV1 为 1→

L3TVR→L2TVXR 为 1），点火火花塞将一区点火，点火成功后火焰稳定，画面中 A、B、C、D、E、F、G、H 均有火焰，DLN 模式由"PREMIX STEAD-STATE"切换到"LEAN-LEAN MODE"。

（2）当 TTRF1 降至 885℃/1625℉时，燃气轮机负荷在 30～40MW 之间，VGC-3 不动作，清吹保持启动，VGC-2 关闭，所有燃料进入一区，二区火焰熄灭，画面中 A、B、C、D 有火焰，E、F、G、H 无火焰，DLN 模式由"LEAN-LEAN MODE"切换到"PRIMARY MODE"，直到燃气轮机熄火。

四、DLN1.0 系统切换的作用

（1）火焰温度和停留时间决定了氮氧化物排放水平。
（2）减少燃气在燃烧室内停留时间，但同时易造成一氧化碳排放的增加。

第三节　燃气轮机运行中的检查项目

一、MCC（电机控制中心）控制柜检查

正常运行方式：41/42A0211 开关运行，41/42B0211 开关备用。控制开关在"AUTOMATIC"位，联锁开关在"AUTO"位。若需改变工作开关运行方式：选 41/42A0211 运行时联锁开关扭至"FIRST"位后自动复位，选 41/42B0211 运行时联锁开关打至"SECOND"位后自动复位。控制开关在"STOP"位，41/42A0211 与 41/42B0211 均停止。（严禁在燃气轮机运行期间切换）

二、TCC（燃气轮机控制中心）间表盘检查

（1）发电机控制盘显示屏：有功、无功电度计数正确，发电机电压、电流、励磁电流正常，无保护动作，"IN SERVICE"指示灯应亮。
（2）发电机保护装置无保护报警信号。
（3）发电机励磁控制盘：有功、无功显示值无异常波动，发电机电压、电流、励磁电流、励磁电压、频率、功率因数正常。
（4）充电机电压、电流正常，无报警信号。
（5）88TK-1/2、88VL-1/2、88VG-1/2、88QV-1/2、88BT-1/2、88GV-1/2 运行指示灯亮，故障灯指示不亮。
（6）88QA-1、88HQ-1、88TG-1、88QB-1/2、88QE-1、88TM-1 备用指示灯亮，故障指示灯不亮。

三、调压站及前置系统检查

（1）检查各管路系统、阀门位置正常，无异味、无泄漏。

(2) 检查各表计、变送器电缆无破损现象。

(3) 各温度、压力、液位指示器值在正常范围。

(4) 检查各滤网压差在正常范围内。

(5) 检查各安全阀、流量计工作正常。

(6) 检漏仪对天然气管线检漏。

(7) 检查天然气加热器工作正常。

(8) 排污池液位在正常范围内。

四、辅机间检查

(1) 检查油系统管路、阀门位置正常，无跑、冒、滴、漏现象。

(2) 检查润滑油母管压力、天然气进气截止阀进口压力、液压油压力正常。

(3) 检查润滑油滤网压差、液压油滤网压差在正常范围内。

(4) 检查转动辅机无异常声音，电动机轴承温度、振动在正常范围。

(5) 检查辅助齿轮箱无异常振动和声音。

(6) 检查 1 号轴承润滑油窥窗油流畅通。

(7) 检查润滑油过滤器窥窗油流畅通。

(8) 检查润滑油冷却器进水温度调节阀 VTR-1 在自动位置且开度正确。

(9) 检查润滑油冷却器进水温度、压力正常。

(10) 检查润滑油箱油位＞1/2，油温正常。

(11) 检查润滑油箱负压正常，油气分离器运行正常，滤网压差在正常范围内。

五、轮机间检查

(1) 运行中的燃气轮机正常情况下，不得打开轮机间两侧门。

(2) 检查外围管路及阀门正常无漏气、漏油现象。

(3) 88BT-1/2 风机运转声音正常。

(4) 88TK-1/2 风机运行声音正常，无风压低报警。

(5) 轮机间无异常气流啸叫声。

六、发电机间检查

(1) 发电机各轴瓦声音正常，各油管路、测点无漏油。

(2) 顶轴油泵备用正常，顶轴油管路无漏油。

(3) 发电机空冷器冷却水进水，回水压力、温度正常。

七、冷却水系统检查

(1) 检查冷却水管道阀门位置正确，无跑、冒、滴、漏现象。

（2）检查冷油器窥窗油流畅通。

（3）检查燃气轮机冷却水进水和回水温度、压力正常，端差无明显增大。

（4）闭式水泵运行振动、温度、听声无异常。

八、反吹系统检查

（1）进气滤压差正常，反吹方式在自动，控制箱电源指示灯亮。

（2）压缩空气罐压力指示正常，压力大于 0.55MPa。

第四节　燃气轮机运行中的监视与调整

一、燃气轮机运行中的监视

1. 定时抄表巡回检查规定

（1）运行人员应每 2h 对燃气轮机本体、辅机设备及电气设备巡回检查一次，并作抄表记录。

（2）巡回检查及抄表次数按公司相关规定执行。

2. MARK-VIe 画面内容检查

（1）所有运行参数均在正常范围内变化，如有异常，及时找出变化原因，应分析异常原因，及时处理和汇报。

（2）重点监视透平转速、负荷、燃气压力、天然气流量、IGV 开度、压气机排烟压力、润滑油泵出口压力、润滑油母管温度、轴承金属温度、轴瓦振动值、轮间温度、透平排烟温度、透平排烟分散度、冷却水温度、天然气压力、天然气温度、发电机定子温度。

（3）"ALARM"栏目检查：无异常报警，注意"ALARM ID"中的"SOE"报警。

（4）AUX2 栏目检查：加强监视负荷联轴器蜗壳温度及负荷间空间温度。

二、燃气轮机运行中的调整

1. 负荷调整

负荷调整按值长命令执行。

2. 润滑油温度调整

（1）结合当前环境温度、负荷，手动调节温控阀 VTR1-1 控制旁路冷却水流量，维持 LTTH 在 54℃左右。

（2）联系热机岗，调节热机开式水流量或改变板式换热器的运行方式。

3. DLN 运行模式切换

（1）燃气轮机 DLN 模式共有初级燃烧模式（PRIMARY MODE）、贫-贫正燃烧模式

（LL-POS）、贫-贫负燃烧模式（LL-NOG）、二次切换模式（SECONDARY TRANSFE MODE）、预混切换模式（PM_ XFER）、预混合稳定模式（PM-SS）、扩散贫-贫模式（EXTENDED LEAN-LEAN MODE）、负荷恢复模式（SEC_LD_REC）8 种。

（2）在启机前应检查"LEAN-LEAN BASE"靶标是选择的"OFF"位。

（3）基本贫-贫模式作为 DLN1.0 的特殊模式，不在 8 个基本模式之内，在燃烧方面等同于扩展贫-贫模式。

（4）二次切换模式（SECONDARY TRANSFE MODE），预混切换模式（PM_ XFER）是贫-贫正燃烧模式（LL-POS）到预混合稳定模式（PM-SS）之间的过渡模式，只在很短的时间内存在。

（5）在负荷调整时必须注意 DLN 模式切换正确，顺利进入预混燃烧状态。

（6）禁止燃气轮机负荷在 DLN 切换点进行长时间停留。

（7）燃气轮机运行在"扩散贫-贫模式（EXTENDED LEAN-LEAN MODE）"方式下 NO_x 排放量增加，故不建议在此方式下运行。

（8）当燃气轮机在"贫-贫负燃烧模式（LL-NOG）"方式下运行时不允许继续升负荷，否则燃气轮机将进入"扩散贫-贫模式（EXTENDED LEAN-LEAN MODE）"。

4. 升负荷时 DLN 切换

（1）当燃烧温度基准 TTRF1 升至 1650°F 后，应注意 DLN 运行模式是否由"PRI-MARY MODE"切换到"LL-POS"方式，并密切注意二区是否点火成功，若切换时火焰出现闪烁，应迅速将负荷设定点进一步提高，并观察火焰强度的变化。

（2）当燃烧温度基准 TTRF1 升至 1970°F 前，应注意 DLN 画面中 DLN 方式对话框中的 DLN 方式应为"LL-POS"，如果 DLN 方式不是"LL-POS"方式，而是"LL-NOG"方式，必须先将负荷降低，使 DLN 方式退出"LL-NOG"方式，重新进入"LL-POS"方式，方可继续升负荷。

（3）当燃烧温度基准 TTRF1 升到 1970°F 时，应注意 DLN 方式由"LL-POS"切换至"PM-SS"方式，并注意 VGC-1、VGC-2、VGC-3 切换时动作正常，一区火焰熄灭。

（4）燃气轮机升负荷过程中模式变化时应尽快越过模式切换点，禁止长时间在 DLN 模式切换点运行。

（5）模式切换过程中密切监视阀位动作是否正常，余热锅炉出口排烟颜色有无明显变化。

5. 降负荷时 DLN 切换

（1）降负荷时当燃烧温度基准 TTRF1 降至 1970°F，应注意 VGC-3 不动作，VGC-1、VGC-2 开度一致，点火火花塞将一区点火，火焰稳定，DLN 方式由"PM-SS"切换到"LL-POS"模式。

（2）当燃烧温度基准 TTRF1 降至 1650°F 时，VGC-2 关闭，二区火焰熄灭，DLN 方式由"LL-POS"切换到"PRIMARY MODE"模式。

（3）燃气轮机降负荷过程中模式变化时应尽快越过模式切换点，禁止长时间在 DLN 模式切换点运行。

（4）模式切换过程中密切监视阀位动作是否正常，余热锅炉出口排烟颜色有无明显变化。

第六章

燃气轮机的停运与保养

第一节 燃气轮机的停运

一、燃气轮机正常停机条件

（1）正常按照调度要求进行停机时，可采用正常方式进行停机。

（2）当设备有异常但不危及主设备安全运行需停机后方可检修时，可采用正常方式停机。

（3）值长命令正常停机。

二、燃气轮机停机前的试验与准备

（1）手动启动燃气轮机辅助润滑油泵 88QA 和直流润滑油泵 88QB。就地检查确认燃气轮机辅助润滑油泵 88QA、88QB 运行正常，出口油压在正常范围内。

（2）检查确认发电机顶轴油泵入口油压在正常范围内。

（3）检查确认燃气轮机点火变压器电源开关 Q042 在合闸位。

（4）联系值长，确认主变压器 220kV 侧中性点接地开关已合闸。

（5）检查确认燃气轮机一次调频已退。

三、燃气轮机减负荷操作

（1）在 MARK-VIe 主界面"MW Control"栏目下，点击"Setpoint"靶标，输入预选负荷指令，燃气轮机开始降负荷。降负荷的过程中与热机专业配合，确保汽轮机主蒸汽温度、缸温下降速率在规定范围内。在降负荷过程中，确认设备（参数）符合以下要求：

1）负荷缓慢平稳下降。

2）转速基准 TNR（转速基准信号）逐渐减小。

3）IGV 开度逐渐关小，维持排烟温度在高值。

（2）燃气轮机降负荷，当燃烧温度基准 TTRF1 降至 1049℃时，VGC3 不动作，清吹保持投入，DLN 正常重点火命令启动，点火器将 1 区火焰及时点着，VGC1 与 VGC2 开度一致，火焰稳定，画面中 ABCDEFGH 都有火焰，DLN 燃烧模式由"PREMIX STEAD-STATE"切换到"LEAN-LEAN"。

（3）燃气轮机降负荷，当燃烧温度基准 TTRF1 降至 885℃时，VGC3 不动作，清吹保持投入，VGC2 关闭，所有燃料进入 1 区，2 区火焰及时熄灭，画面中 ABCD 有火焰，EFGH 无火焰，DLN 燃烧模式由"LEAN-LEAN MODE"切换到"PRIMARY MODE"，直到燃气轮机熄火，一直为"PRIMARY MODE"。

（4）燃气轮机预选负荷至 5MW 后，手动减负荷至 3MW，按下燃气轮机"220kV 断路器跳闸"两个按钮，检查主变压器 220kV 侧开关已断开，发电机解列。

四、燃气轮机停机操作

（1）确认燃气轮机 4 个防喘放气阀全部打开后，在 MARK-VIe 操作界面"Control"画面的"Master control"子画面下，点击"Stop"靶标，"Stop"灯亮，检查燃气轮机开始降速。

（2）透平转速降至继电器 14HS 失电时，确认设备（参数）符合以下要求：

1）主画面显示："Startup Status"；

2）栏目显示："FIRED SHUTDOWN"；

3）"Speed Level"显示：14HS。

（3）辅助润滑油泵 88QA-1、辅助液压油泵 88HQ-1 启动。透平框架冷却风机 88TK-1、88TK-2 停运。

（4）透平转速小于或等于 29％时，顶轴油泵 88QB-1/2 启动，检查顶轴油泵出口压力正常，无压力低报警。

（5）透平转速小于或等于 20％时，燃气轮机熄火，确认设备（参数）符合以下要求：

1）天然气截止速比阀 VSR-1、燃料控制阀 VGC-1 迅速关闭。

2）辅助液压油泵 88HQ-1 停运。

（6）在燃气轮机 MARK-VIe 操作界面"Control"画面的"Start-up"子画面下，选择"Mode select"栏目下的"Cooldown"靶标。

（7）透平转速降至继电器 14HM 失电时，"Stop"灯灭，液力变扭器角度由 50°调至 68°。

（8）透平转速降至继电器 14HTG 失电时，20TU-1 带电，液力变扭器充油，88TM-1 启动，液力变扭器角度由 68°调至 45°，盘车电动机 88TG-1 启动，透平转速缓慢升至 4.2％左右，维持此转速盘车。

（9）确认燃气轮机大轴无异常声音，燃气轮机 88QA-1、88TG-1、88QB-1/2、88QV-1/2 运行正常，润滑油压力、顶轴油压力正常。

（10）记录熄火至盘车启动的惰走时间（精确到秒），并截过临界振动曲线图存档。

五、燃气轮机盘车和停机后检查

（1）透平转速降至继电器 14HTG 失电时，自动启动低速连续盘车。

（2）若停机后燃气轮机盘车计时逻辑量 L62CD 为"0"，盘车停运至零转速时，启动电动机 88CR-1 自动启动，透平转速升至继电器 14HTG 带电时自动停运，透平转速降至继电器 14HTG 失电时，盘车电动机 88TG-1 启动。

（3）若停机后燃气轮机盘车计时逻辑量 L62CD 为"1"，盘车停运至零转速时，启动电动机 88CR-1 不会自动启动。

（4）遇到燃气轮机转动部件故障盘车停运时，应先查明原因后才可启动低速盘车。

（5）若燃气轮机处于长期停运的情况下，则应在启机 8h 前启动连续低速盘车。

（6）燃气轮机停机后急需停盘车检修。

1）一般情况不允许采用高速盘车来加速燃气轮机的冷却。

2）透平轮间最高温度在 120℃ 以上时，经总工批准后，可采用高速盘车加速燃气轮机的冷却。

3）轮间温度降到 120℃ 以下、65℃ 以上，在得到总工级别以上领导批准后，可以停盘车抢修，抢修结束后必须立即投入连续盘车，连续盘车投入后到轮机间听声检查，听声检查无异常后，燃气轮机高速盘车 0.5h 再发停机令，盘车投入后选择"FIRE"方式发启动令，启动过程中严密监视燃气轮机振动情况，燃气轮机点着火无异常后维持点火状态 20min 再发停机令，待盘车投入后再高速盘车 15min 以上，以上步骤完成后，燃气轮机方可按正常方式启动。

4）在燃气轮机启动过一阶临界时，严密监视燃气轮机的振动情况，若最大振动大于 10mm/s 则立即发停机令，待盘车投入后再高速盘车 15min，再按正常方式启动，若一阶临界仍不合格，则重复以上步骤，直至一阶临界振动小于 10mm/s，方允许燃气轮机继续升速。

5）温度降到 65℃ 以下，当班值长可下令停盘车，抢修结束后必须立即投入连续盘车，连续盘车投入后到轮机间听声检查，听声检查无异常后，燃气轮机经高速盘车 0.5h 和连续盘车 0.5h 以上方允许按正常方式启动燃气轮机；在燃气轮机启动过一阶临界时最大振动大于 10mm/s 则立即发停机令，盘车投入后选择"FIRE"方式发启动令，启动过程中严密监视燃气轮机振动情况，燃气轮机点着火无异常后维持点火状态 20min 再发停机令，待盘车投入后再高速盘车 15min 以上，燃气轮机方可再按正常方式启动，若一阶临界仍不合格，则重复以上步骤，直至一阶临界振动小于 10mm/s，方允许燃气轮机继续升速。

6）遇有其他特殊情况的操作，必须经过主管领导批准。

（7）停盘车操作。

1）停盘车操作须由值长下令执行。

2）确认燃气轮机盘车计时逻辑量"L62CD"为"1"，燃气轮机轮间温度最高值在 65℃ 以下，且无反弹趋势。

3）进入"Control"画面的"Start-up"子画面，点击"Mode select"栏目下的"off"靶标，"off"靶标灯亮。

4）点击"Cooldown control"栏目下"off"靶标，检查盘车电动机 88TG-1 停运，燃气轮机转速开始下降。

5）透平转速到零后，检查辅助润滑油泵 88QA-1、原运行的顶轴油泵 88QB-1/2 自动停运。

6）检查"Cooldown control"栏目下"off"靶标灯亮。

7）L63QT 为 1 后检查确认原运行的油雾分离器 88QV-1/2 自动停运。

注：若燃气轮机盘车计时逻辑量"L62CD"为"0"则在进行停盘车操作前将逻辑量"L62CD"强制为"1"。

（8）停机后的检查。

1）检查润滑油泵运行正常，润滑油母管压力正常，回油窥窗油流畅通。

2）检查顶轴油泵运行正常，顶轴油泵出口压力正常。

3）检查燃气轮机润滑油温度、冷却水温度正常。

4）检查油雾分离器运行正常，调整润滑油箱负压在 −2kPa 左右。

5）检查辅机间、轮机间无异常声音。

6）检查各管道法兰、表计接头无漏水、漏油现象。

7）检查就地各表计指示正常。

六、正常停机的注意事项

（1）燃气轮机停机过程中应适当加大减负荷幅度，快速越过燃烧模式切换点，切勿在燃烧模式切换完成前升负荷切回原燃烧模式。

（2）在接到汽轮机脱网的通知，并得到值长同意后方可解列燃气轮机。解列后注意记录燃气轮机转速飞升值。

（3）燃气轮机发电机解列后发停机令"STOP"前，应确认燃气轮机 4 个防喘放气阀已全部打开，任一防喘阀未打开，禁止发燃气轮机停机令。

（4）整个停机过程中，注意监视燃气轮机在临界转速的振动值及数值，并做好详细记录。停机后注意润滑油压力、顶轴油压力、润滑油箱负压、润滑油温度的监视，并加强现场设备的巡视。若有异常，及时调整相关参数或设备的运行方式。

（5）如果燃气轮机 220kV 断路器未跳，则手动发停机令，燃气轮机发电机逆功率保护动作，自动解列，停机后通知电气检修人员检查。手动发停机令后如果燃气轮机 220kV 断路器未跳，说明开关跳闸回路不通，此时应立即重新发启动令，手动加负荷到旋转备用负荷（约 5MW），并汇报值长，要求在就地手动断开开关，或断开其上级开关（在开关本身不具备分闸条件时，如 SF$_6$ 压力低、液压油压力低等），切记：千万不可在出现逆功率，开关拒动时，手拍 5E 停机，那样机组将大幅度逆功率运行，脱离不了电网，将导致严重后果。

第二节　燃气轮机停运后的保养

一、燃气轮机停运后保养要求

（1）燃气轮机满足熄火后 24h 以上，轮间温度最高值小于 65℃，方可停运盘车。

（2）燃气轮机静止状态时，每周五白班投运盘车一次，每次持续时间 2h，保持燃气轮机大轴对中，确保可紧急启动燃气轮机。

（3）燃气轮机停运后，每 15 天启动燃气轮机至全速空载，每次运行 30～60min，对燃气轮机内部进行干燥。燃气轮机启动时间遇周末或节假日时，应适当提前在工作日内执行。

（4）考虑燃气轮机水洗后需进行烘干保养，备用燃气轮机水洗可结合锅炉带压放水保养或燃气轮机启动前进行。

（5）燃气轮机停运 30 天以上，专业人员申请备用燃气轮机启动，进行倒机切换工作。

二、燃气轮机停运后的定期工作要求

（1）按照燃气轮机定期切换制度要求，每月定期对燃气轮机各辅机进行绝缘测量工作，包括燃气轮机启动电动机，并对停运备用燃气轮机的辅机执行启动试验。

（2）定期投运备用燃气轮机盘车，定期投运备用燃气轮机润滑油系统，由当日中班接班后停运。润滑油系统运行后及时进行滤油工作。在滤油期间，值班员须加强对润滑油系统的检查，若发现滤油机停运或其他异常，须及时联系检修工作人员查明原因并及时处理后，方可继续启动滤油机。

（3）配合化学专业对燃气轮机的润滑油进行定期取样，检测润滑油箱油质情况，确保油质合格。

（4）定期投运润滑油系统后，手动启动辅助液压油泵运行 30min，辅助液压油泵运行期间注意检查各管路、法兰及接头处是否有泄漏。

（5）定期投运一次燃气轮机进气滤网反吹系统，持续 2～3h，反吹投运在天气晴朗时执行，若遇雨、雾等气候时应延后。

三、燃气轮机停运后的巡检要求

（1）每班至少一次对天然气系统进行巡检、检漏工作，发现有任何缺陷或异常及时汇报专业并联系检修处理。

（2）值班员每班至少一次对燃气轮机 MCC 柜的大小开关状态进行逐一排查，确保燃气轮机 MCC 所有开关都处于正常状态。

（3）值班员每班严格执行巡视检查制度。

（4）燃气轮机盘车、润滑油系统运行时，值班员加强润滑油系统的巡检，防止油系统漏油导致油箱跑油情况的发生。

四、燃气轮机停运后的维护要求

（1）停运期间严格执行设备停复役制度，无停复役单及相应事故预案不允许进行相关工作。

（2）备用燃气轮机检修工作如有影响燃气轮机启动的缺陷，应严格执行停复役制度，做好相应的应急预案，工期控制在当天 17：00 内完成。

（3）严格执行规程，做好设备保养维护工作，并逐步完善燃气轮机停运保养方案，确保备用燃气轮机随时具备启动条件。

（4）确认备用燃气轮机所有辅机都处于可靠热备用状态。一旦发生运行燃气轮机故障，危及燃气轮机安全运行，备用燃气轮机立即投运盘车，全面检查备用燃气轮机的设备状态，确认具备启动条件。

（5）确保备用燃气轮机处于随时启动状态，一旦发生运行燃气轮机故障，在备用锅炉有水等条件满足下，若有需要，备用燃气轮机可零转速启动至并网带负荷，专业制定"燃气轮机零转速启动操作票"并下发运行。

（6）备用燃气轮机有启动计划时，值班员提前 12h 投运备用燃气轮机的盘车。

（7）备用燃气轮机有启动计划时，燃气轮机专业提前做好备用燃气轮机的阀门活动实验及记录，部分阀门需联系热控协助，阀门清单如下：

1）天然气前置模块进气截止阀、放散阀。

2）燃料速比阀 VSR、燃料控制阀 VGC-1、VGC-2、VGC-3。

3）清吹阀 VA13-3/VA13-4。

4）进口可转导叶 IGV。

5）天然气调压站备用燃气轮机供气单元的调压阀、监控阀、切断阀。

第七章
辅机系统的运行

第一节 辅机运行通则

一、设备、系统在检修后移交运行的条件

（1）检修设备、系统连接完好，管道支吊架可靠，保温良好。

（2）阀门、设备完好，所有人孔门、检查门关闭严密。

（3）动力设备、电动机等轴承内已加入合格、适量的润滑油，转机联轴器保护罩、电动机外壳接地线、冷却水管道等连接完好。

（4）如检修时设备有异动，则检修人员应提供设备异动报告及相关图纸，并向运行人员交待该设备运行注意事项。

（5）现场设备、地面应清洁无杂物，地面沟盖板、楼梯、栏杆完好，道路畅通，照明充足。

（6）系统、设备有关热工、电气仪表完好可用。

（7）影响机组启动的相关工作票已全部终结，安全措施及安全标示牌、警告牌已拆除。

二、辅机启动前检查

（1）工作票已终结，安全措施及安全标示牌、警告牌已拆除。

（2）转机联轴器保护罩完好，盘动联轴器至少两圈以上，轻快可动。

（3）有关热控仪表的一、二次隔离阀开启，相应的平衡阀、试验阀、排污阀关闭。

（4）热控仪表送电，表计指示正确，联锁及保护装置静态校验正常，电动阀、气动阀、调节阀校验完好。

（5）气动阀控制气源隔离阀已开启，气动阀控制气源压力正常。

（6）控制盘上有关设备及阀门状态指示正确，所有报警信号正确。

（7）有关电动阀送电，并经开、关试验正常。

（8）确认各阀门状态处于启动前位置，排尽有关系统、泵体的空气。

（9）辅机冷却水进水阀全开，出水阀调节冷却水量。

（10）测量各转机电动机绝缘，合格后送电。

三、辅机启动及注意事项

（1）辅机启动前应与有关岗位联系，并监视和检查启动后的运行情况。

（2）检修后辅机的启、停操作一般由主值或副值进行，试转时就地必须有人监视，启动后发现异常情况，应立即汇报并紧急停运。

（3）启动直流油泵前应确认直流系统母线电压正常后方可操作。

（4）启动 6kV 辅机前应先确认对应的 6kV 母线电压是否正常，启动时应监视 6kV 母线电压、辅机的启动电流及启动时间。

（5）停运 6kV 辅机时注意保持各段母线负荷基本平衡。

（6）6kV 辅机的再启动应符合电气规定，正常情况下允许冷态启动两次，热态启动一次。

（7）容积泵不允许在出口阀关闭的情况下启动，离心泵可以在出口阀关闭的情况下启动，但启动后应迅速开启出口阀。

（8）辅机启动正常后，有备用的辅机应及时投入"自动"或"联锁"位置。

（9）辅机启动时，启动电流持续时间不得超过制造厂规定，否则应立即停运。

（10）辅机在倒转情况下严禁启动。

（11）大、小修或电动机拆线后的第一次试转，应先点动电动机，检查转向是否正确。

四、辅机启动后的检查项目

（1）电动机电流、进出口压力、流量以及进口滤网差压正常。

（2）冷却水供应正常，轴承温度、电动机绕组温度正常。

（3）确认其联锁及有关调节系统正常。

（4）备用泵止回阀严密，无倒转现象。

（5）倾听其本体及电动机各部无异常摩擦声。

（6）各部位振动符合规定。

（7）确认系统无泄漏。

（8）检查各轴承温度正常，厂家无特殊规定时，执行表 7-1～表 7-3 标准。

1）检查各轴承温度正常，不超过表 7-1 数值。

表 7-1 　　　　　　　　　　　　　　　　轴 承 温 度 值

轴承种类	滚动轴承		滑动轴承	
	电动机	机械	电动机	机械
轴承温度	≤80℃	≤100℃	≤70℃	≤80℃

2）检查电动机的温升不超过表 7-2 数值（环境温度为 40℃）。

表 7-2 　　　　　　　　　　　　　　　　电 动 机 温 升 值

绝缘等级	A 级	E 级	B 级	F 级
电动机温升	65℃	80℃	90℃	115℃

3）检查各轴承振动正常，制造厂无特殊规定则执行表 7-3 标准。

表 7-3 　　　　　　　　　　　　　　 轴 承 振 动 值

额定转速（r/min）	3000	1500	1000	750 及以下	备注
振动（mm）	0.05/0.06	0.085/0.1	0.1/0.13	0.12/0.16	电动机/机械

五、辅机运行中的维护

（1）辅机正常运行时，按巡回检查项目进行定期检查，发现异常应分析处理，设备有缺陷应及时开具修复单并通知检修人员处理。

（2）经常翻看控制盘上各系统画面，检查各系统运行方式、参数、阀门状态是否正确。

（3）在进行重要操作前后，主值应到就地进行针对性检查。全面性检查按"设备巡回检查制度"执行。

（4）按"定期切换与试验"项目、要求进行设备定期切换与试验工作。

（5）根据设备运行周期，定期检查油位、油质。

（6）保证各项控制参数在允许范围内，发现异常应及时调整和处理。

（7）根据季节、气候的变化，做好防雷、防潮、防台风、防汛、防冻措施及做好相关事故预想。

（8）保持设备及其周围环境清洁。

六、辅机停运

（1）辅机停运前应与有关岗位联系，仔细考虑辅机停运对相关系统或设备的影响，采取相应安全措施。

（2）辅机停运前，应退出备用辅机"自动"或解除自启"联锁"。交流润滑油泵、直流润滑油泵在没有检修工作正常停泵的操作中，严禁退出"联锁"。

（3）辅机停运后，转速应能降至零，无倒转现象。如有倒转现象，应关闭出口阀以消除倒转，严禁采用关闭进口阀的方法消除倒转。

七、辅机或系统停运转检修的操作

（1）系统或设备检修需经值长批准并办理检修工作票。

（2）做好设备的断电、泄压、隔离措施。

（3）断开检修设备的动力电源和控制电源。

（4）关闭泵的出口阀，确保关闭严密。

（5）关闭泵的进口阀及进口管的排空阀。在关闭进口阀的过程中，尤其是接近全关时，应严密监视进口压力表，并缓慢操作，以防出口阀等与高压系统相连的隔离阀关不严，造成进口部分的低压管道、法兰超压损坏。

（6）按工作票要求做好安全措施，挂好安全标志牌及警告牌。

（7）压力容器和管道的泄压操作：

1）关闭压力容器所有进口阀，并确保关闭严密。

2）关闭容器所有出口阀，并确保关闭严密。

3）开启压力容器疏放水阀，注意容器内的压力应降低。待疏放水完毕后，关闭与容器相连的疏放水阀，而单独排地沟的疏放水阀开启。

4）开启压力容器排空阀，确认容器内已完全泄压。

5）将外来工质可能进入容器的电动阀断电、气动阀断气，并做好防误措施。

6）在与容器相连的所有电动、气动、手动隔离阀挂上"禁止操作、有人工作"警告牌。

7）按热力机械工作票要求做好检修安全措施，并经工作票许可人和工作票负责人检查确认安全措施完备无误后办理工作票许可开工手续，并做好相关记录。

八、辅机的事故处理

（1）辅机发生下述任一情况时，应立即停用故障辅机。

1）设备发生强烈振动。

2）发生直接威胁人身及设备安全的紧急情况。

3）设备内部有明显的金属摩擦声或撞击声。

4）电动机着火或冒烟。

5）电动机电流突然超限且不能恢复，设备伴有异声。

6）轴承冒烟或温度急剧上升超过规定值。

7）水淹电动机。

8）运行参数超过保护定值而保护拒动。

（2）辅机发生下列任一情况时，应先启动备用辅机，再停用故障辅机。

1）离心泵汽化、不打水或风机出力不足。

2）轴封冒烟或大量泄漏，经调整无效。

3）轴承温度超过报警值并有继续上升趋势。

（3）辅机运行中故障跳闸时作如下处理。

1）运行辅机跳闸，备用辅机正常联启投入后，应将联动辅机和跳闸辅机的操作开关复位，并检查跳闸辅机的相关联锁动作情况，检查联动辅机的运转正常。

2）运行辅机跳闸，备用辅机未联启时应立即启动备用辅机运行。

3）运行辅机跳闸，备用辅机启动不成功或无备用辅机时，若查明跳闸辅机电气保护无动作，机械无明显故障时可强启一次。强启成功后，再查明跳闸原因，强启失败时，不允许再启动。此时应确认该辅机停用后，对主机正常运行的影响程度，采取局部隔离及降负荷措施，无法维持主机运行时应故障停机。

第二节 启动与盘车系统

一、启动与盘车系统设备规范

启动与盘车系统设备规范见表 7-4。

表 7-4　　　　　　　　　　　启动与盘车系统设备规范

序号	代号	名称	功能及参数
1	88CR-1	启动电动机	6000V AC/1000kW、转速 2973r/min
2	88TG-1	盘车电动机	380V AC/30kW、转速 725r/min
3	88TM-1	液力变扭器调节扭矩电动机	380V AC/1.5kW
4	20TU-1	变扭器充/泄电磁阀	常态：常开
5	33TC-1	变扭器充/泄电磁阀限位开关	
6	33TM-5	变扭器低扭矩限位开关	
7	33TM-6	变扭器高扭矩限位开关	
8	96TM-1	变扭器导叶位置变送器	

二、启动与盘车系统联锁保护

（一）启动电动机 88CR-1

1. 启停情况

（1）启机过程中：发启动令延时 30s，主保护带电（L4＝1），88CR-1 启动。升速至 14HC 转速（≥60％TNH）以上，88CR-1 停运。

（2）零启盘车时，点击"Mode Select"栏目下的"Cooldown"靶标，发启动令，启动电动机 88CR-1 启动，透平转速升至转速继电器 4％ TNH（14HTG 带电时），88CR-1 停运。

2. 保护启

燃气轮机熄火未满 24h，未选择 COOLDOWN 模式，燃气轮机转速降到零时，延时 2s 启动电动机 88CR-1 启动。

3. 保护停

有以下条件之一，启动电动机 88CR-1 保护停运。

（1）有自动停机信号（L94X＝1）。

（2）启动电动机 88CR-1 三相任一线圈温度大于 320°F。

（3）盘不动大轴（L48CR＝1）：88CR-1 有启动指令（L4CR1＝1）30s 后仍在零转速（14HR＝1）。

（4）盘车电动机 88TG 运行（L4＝1）。

（5）手动紧急停机（L5E＝1）。

（6）启动电动机 88CR-1 被闭锁启动（l43cr_loc＝1）。

（7）启动电动机 88CR-1 跳闸（L86CRT＝1）。

（二）盘车电动机 88TG-1

1. 启停情况

（1）燃气轮机停机过程中，选择盘车模式，14HTG 失电时盘车电动机 88TG 自动投入。

（2）燃气轮机熄火 24h 后，选择了 COOLDOWN 栏目下的 OFF 模式，88TG-1 自动停运。

2. 保护停

满足以下条件之一，盘车电动机 88TG 保护停运。

（1）主保护带电（L4＝1）。

（2）发电机侧润滑油压力低（L63QT＝1）。

（3）启动电动机 88CR-1 运行（L4CR1＝1）。

（4）顶轴油泵 88QB 故障且转速降至 14HTG 失电转速（≤3.3％TNH）。

（5）有火灾信号时且最高轮盘温度与大气温度差值大于 212℉，360min 之内禁止盘车启动。

（三）液力变扭器马达 88TM-1

1. 自动控制

电源开关在工作位，电源指示灯亮，操作选择把手应在"自动"位。

（1）开机过程中：

1）机组启动盘车电动机停运后，TMGV 由 43°调整为 68°。

2）透平转速升至转速继电器 14HM 带电，TMGV 由 68°调整为 50°。

3）清吹程序结束后，TMGV 由 50°调整为 22°。

4）点火成功 2s 后，TMGV 由 22°调整为 68°。

（2）停机过程中：

1）熄火后，TMGV 由 68°调整为 50°。

2）转速继电器 14HM 失电，TMGV 由 50°调整为 68°。

3）盘车启动后，TMGV 由 68°调整为 43°。

（3）保护。

1）保护启：当液力变扭器角度实际 TMGV 与设定值偏差大于 3°时。

2）保护停：当液力变扭器角度实际 TMGV 与设定值偏差小于或等于 3°时。

2. 手动控制

电源开关在工作位，操作把手打在"手动"位，按下"RAISE"按钮，电动机启动正转，液力变扭器角度增大。按下"LOWER"按钮，电动机启动反转，液力变扭器角度减小，松开后电动机停转。

三、启动与盘车系统启动前检查和试验

（1）查有关工作票已终结，现场整洁无杂物。

（2）启动与盘车系统启动前检查见表 7-5。

表 7-5 启动与盘车系统启动前检查

序号	设备名称	检查项目	要求状态
1	启动电动机 88CR-1	电源开关	工作位，远控
		电动机绝缘	>6.0MΩ
2	盘车电动机 88TG-1	电动机绝缘	>0.5MΩ
3	液力变矩器马达 88TM-1	电动机绝缘	>0.5MΩ

（3）投盘车前必须确认润滑油系统和顶轴油系统运行正常。

（4）检查冷却水温、润滑油温度正常。

四、启动与盘车系统的运行

（1）机组停机过程当透平转速下降到转速继电器 14HTG 失电时，自动投入低速连续盘车。

（2）如果熄火时间未超过 24h，盘车停运到零转速时，88CR 自动启动；透平转速升至转速继电器 14HTG 带电时，88CR 停运；透平转速降至转速继电器 14HTG 失电时，88TG 投运。如果熄火时间未超过 24h 发现盘车停运时，应在 COOLDOWN 模式下发启动令由 88CR 电动机启动冲动转子，当转速继电器 14HTG 带电时后，88CR 停运；当透平转速降至转速继电器 14HTG 失电时，88TG 投运。

（3）遇到机组转动部件故障时，则停机后应先查明原因才允许投入盘车。

（4）机组在盘车长期停运的情况下，应在开机 24h 以前投入连续低速盘车。

（5）零启盘车。

1）零启盘车的条件。

a. 影响燃气轮机盘车的检修工作已经全部结束，检修安全措施全部恢复，且工作票已经全部收回。并且要确认燃气轮机旋转部分无影响燃气轮机转动的工具及人员。

b. 燃气轮机零起盘车前，确认燃气轮机大轴转速为零。

c. 确认与润滑油系统有关的各管道和阀门均处于正常状态。

d. 确认燃气轮机 MARK VIe 控制系统处正常工作状态。

e. 在燃气轮机 TCC 间 MCC 确认辅助润滑油泵电动机 88QA 开关、油雾分离机电动机 88QV 开关、应急润滑油泵直流电动机 88QE 开关、燃气轮机顶轴油泵电动机 88QB-1 和 88QB-2 开关、盘车电动机 88TG 开关、液力变扭器导叶角度调整电动机 88TM 开关等

均处于正常状态，且开关均处于"AUTO"位。

f. 通知电气岗，确认燃气轮机启动电动机 88CR 开关（为 6kV 电动机）处正常状态，且开关处于"AUTO"位。

2）零启盘车的步骤。

a. 在"Control"→"Start up"页面"Mode Select"标题栏点击"Cooldown"键。

b. 在"Control"→"Start up"页面"Cooldown Control"标题栏点击"On"键。此时燃气轮机辅助润滑油泵电动机 88QA、在用顶轴油泵电动机 88QB、油雾分离机电动机 88QV 将启动，在控制系统参数监视画面上确认润滑油母管压力和润滑油滤后压力正常。到就地确认辅助润滑油泵运行正常、油雾分离机运行正常、顶轴油泵运行正常、润滑油泵出口压力正常、油雾分离机真空度正常、顶轴油压力均正常、1 号轴承回油管窥视窗口能见回油油流。

c. "Control"→"Start up"页面"Master Control"标题栏点击"Start"键。此时燃气轮机启动电动机 88CR 将启动，延时 2s 液力变扭器电磁阀 20TU-1 带电，燃气轮机开始从零转速升速。当燃气轮机转速上升至 4％转速时启动电动机 88CR 停运，同时液力变扭器电磁阀 20TU-1 失电，燃气轮机转速开始下降，当燃气轮机转速下降至 3.3％转速时，盘车电动机 88TG 启动，同时液力变扭器电磁阀 20TU-1 又带电，液力变扭器导叶角度由 50°调整至 45°。此后在盘车电动机的带动下，燃气轮机由 3.3％转速逐渐升速到 4.2％转速（该转速会因润滑油温度的不同而不同，润滑油温度高时盘车转速高，润滑油温度低时盘车转速低），燃气轮机进入正常盘车状态。

d. 燃气轮机盘车正常投入后要求到现场进行巡视，检查燃气轮机大轴是否有异常响声，燃气轮机润滑油压力是否正常，顶轴油泵出口压力和 4、5 号轴承前顶轴油压力是否正常。若有异常，及时通知值长和专工。

3）零启盘车注意事项。

a. 在启动盘车前应检查信号"L62CD"在上次停盘车时是否已经被强制为"1"，如果该信号被强制为"1"，此时应解除信号强制。如果不解除此信号强制，当启动电动机 88CR 将燃气轮机转速带至 4％后，88CR 停运，燃气轮机转速降至 3.3％时，盘车电动机 88TG 不会自动启动，燃气轮机无法正常投入盘车。

b. 如果零启盘车时出现"TURBINE FAILURE TO BREAK AWAY"报警，说明燃气轮机大轴启动阻力扭矩过大，大于启动电动机 88CR 通过液力变扭器给予的启动扭矩，从而无法正常启动零启盘车。出现此故障的原因有燃气轮机本体部分存在动静摩擦、长时间为盘动燃气轮机造成轴承部分阻力增大、轴承存在抱死现象。此时应及时通知值长和专工，由值长和专工决定是手动增大液力变扭器角度再次启盘车，还是由检修人员进行手动盘车。

五、启动与盘车系统的停运与维护

（1）停盘车操作必须事先得到值长的许可。

（2）进入"Control"画面的"Start-up"子画面，点击"Mode Select"栏目下的"Off"靶标，"Off"灯亮。再点击"Cooldown Control"栏目下的"Off"靶标。

（3）查盘车电动机 88TG 已停，燃气轮机转速开始下降。

（4）燃气轮机转速到零后，检查辅助顶轴油泵 88QB 自动退出，120s 后，辅助润滑油泵 88QA 自动退出，"Cooldown Control"栏目下的"Off"靶标灯亮。L63QT＝1 后 88QV 自动退出。

（5）若燃气轮机熄火后不足 24h 停盘车，则在进行以上操作前将逻辑量 L62CD 强制为"1"。（此项操作必须得到专业主管的同意）

六、启动与盘车系统运行中监视与调整

（1）检查油系统管路、阀门位置正常，无跑、冒、滴、漏现象。

（2）检查润滑油泵 88QA 运行正常，润滑油母管压力正常，回油窥窗有油流。

（3）检查顶轴油泵投入正常，顶轴油压正常。

（4）检查冷却水温、润滑油温度正常。

（5）检查油雾分离器抽油烟机运行正常，关小排油烟阀，调整润滑油箱负压在－2kPa左右。

七、启动与盘车系统的异常处理

1. L3SMT_ALM 启动装置跳闸

（1）报警注析：机组不在停机阶段，L4＝1、L14HA＝0、88CR-1 故障停运，燃气轮机发 L3SMT_ALM。

（2）操作要点：盘面检查报警、就地听声，检查 88CR-1 启动电动机，是否为电动机烧毁，查看液力变扭器角度、顶轴油压力、润滑油压力、润滑油温度、油箱负压、5E 按钮状态是否正常，询问热机、电气专业联锁保护是否动作。

2. L86CRTX_ALM 启动电动机保护闭锁

（1）报警注析：启动电动机故障，闭锁启动电动机启动。

（2）操作要点：立即至就地查看 88CR-1，联系电气，查看发电机保护屏排查原因。

3. L26CR1/2/3H_ALM 启动电动机 A/B/C 相温度高报警

（1）报警注析：启动电动机 A/B/C 相定子温度大于或等于 284°F，返回值为 269.8°F，闭锁 88CR-1 启动。

（2）操作要点：立即至就地查看，防止 88CR-1 电动机烧毁，同时将 88CR-1 打至分闸位，断开其控制开关 Q45，汇报值长。

4. L26CR1/2/3HH_ALM 启动电动机 A/B/C 相温度非常高

（1）报警注析：启动电动机 A/B/C 相定子温度大于或等于 320°F，返回值为 304°F，88CR-1 跳闸。

（2）操作要点：立即至就地查看，防止 88CR-1 电动机烧毁，同时将 88CR-1 打至分闸位，断开其控制开关 Q45，汇报值长。

5. L48CR_ALM 盘不动大轴

（1）报警注析：燃气轮机发启动令，延迟 30s，88CR-1 运行；延时 30s 仍在零转速（L14HR＝1），燃气轮机自动停机。

（2）操作要点：检查异常报警，就地排查原因，确认是否为启动电动机或者盘车电动机故障，是否为大轴抱死、动静摩擦大；辅机间、轮机间加强听声，查看液力变扭器角度，顶轴油压力，润滑油压力、温度是否正常；燃气轮机控制室开关柜检查启动电动机 88CR-1 控制开关 Q45 是否处于合闸位，联系电气确认 88CR-1 是否处于远控合闸位，联系机务专业，查看烟气挡板位置是否处于开启位。

6. L30TG_ALM 盘车电动机电气故障

（1）报警注析：盘车电动机电气故障

（2）操作要点：立即至就地查看 88TG-1 电动机有无烧毁、燃气轮机控制室查看开关柜指示灯，联系电气，汇报值长。若机组处于停机盘车状态，则联系电气测量电动机绝缘，绝缘合格申请专业、值长同意后，可手动启动，确保盘车投入。

7. L94TC_ALM 液力变矩器故障

（1）报警注析：电磁阀 20TU-1 带电，液力变矩器电磁阀限位开关处于关位，延迟 20s，燃气轮机自动停机。

（2）操作要点：立即至就地查看管道阀门位置状态，TCC 间内液力变矩器开关指示灯状态，查看润滑油压力，报警内容，汇报值长，联系热控检查限位开关，联系机务检查液力变矩器充油滤网。

8. L3TMFLT1_ALM 丢失液力变矩器角度反馈

（1）报警注析：液力变扭器角度反馈小于或等于－1°。

（2）操作要点：立即至就地查看，联系热控，汇报值长。

9. L52TG_ALM 盘车电动机故障

（1）报警注析：有盘车电动机启动信号，但盘车电动机未运行，延迟 5s，发报警。

（2）操作要点：立即至就地查看盘车电动机，有无过载烧毁；盘面查看报警，检查润滑油压力和顶轴油压力、液力变扭器角度；就地检查液力变矩器进油管阀门状态，有无跑、冒、滴、漏，汇报值长，联系专业。

10. L30CD_ALM 盘车故障

（1）报警注析：盘车运行时，MCC 电压正常，转速小于 2％TNH，延迟 30s，发报警。

（2）操作要点：立即至就地检查，查看润滑油压力、顶轴油压力、液力变扭器角度，查看报警，就地检查盘车电动机运行状态，汇报值长，联系专业。

第三节　润　滑　油　系　统

一、润滑油系统设备规范

润滑油系统设备规范见表 7-6。

表 7-6　　　　　　　　　　　　润滑油系统设备规范

序号	代号	名称	功能及参数
1	PQ1-1	主滑油泵	正排量齿轮泵，辅助齿轮箱 4 号轴驱动出口压力为 0.689MPa、流量为 180m³/h
2	88QA-1	辅助润滑油泵	浸入式离心泵，立式交流电动机驱动出口压力为 0.689MPa、流量为 180.12m³/h
3	88QE-1	应急润滑油泵	浸入式离心泵，立式直流电动机驱动，出口压力为 0.137MPa、流量为 95.76m³/h
4	HX-1/2	冷油器	两组并联可切换，板式换热器
5	OF1-1/2	过滤器	两组并联可切换，单流式，孔径 5μm
6	QAP	润滑油母管压力	整定值为 0.172~0.24MPa
7	23QT-1，2	润滑油箱加热器	380V AC/10.2kW
8	VR1	主润滑油泵减压阀	整定值为 0.689MPa
9	VPR2-1	轴承进油压力调节阀	整定值为 0.172~0.24MPa
10	63QA-2	润滑油压力低开关	整定值 0.28MPa 启动交流润滑油泵
11	63QT-2A/2B	润滑油压力低跳闸开关	装在发电机轴承润滑油母管上，整定值 0.0396MPa 动作，0.069MPa 返回
12	63QQ-1	润滑油滤网压差高开关	整定值动作：0.103MPa；返回：0.09MPa
13	63QQ-8	液力变扭器油滤压差高开关	报警：0.15MPa
14	96QA-2	VPR2-1 前润滑油压力变送器	整定值：0.294MPa
15	71QH-1	润滑油箱油位高报警	整定值：−254mm
16	71QL-1	润滑油箱油位低报警	整定值：−432mm
17	LT_TH-1A、LT_TH-1B、LT_TH-2A、LT_TH-2B、LT_TH-3A、LT_TH-3B	轴承滑油母管温度测点	报警：68℃；跳闸：82℃
18	LT_BT1D-1A、LT_BT1D-1B	推力瓦回油温度	报警：LTTH+30℃
19	LT_B1D-1A、LT_B1D-1B	1 号瓦回油温度	报警：LTTH+30℃
20	LT_B2D-1A、LT_B2D-1B	2 号瓦回油温度	报警：LTTH+30℃
21	LT_B3D-1A、LT_B3D-1B	3 号瓦回油温度	报警：LTTH+30℃
22	LT_G1D-1A、LT_G1D-1B	4 号瓦回油温度（发电机 1 号瓦）	报警：LTTH+30℃
23	LT_G2D-1A、LT_G2D-1B	5 号瓦回油温度（发电机 2 号瓦）	报警：LTTH+30℃
24	23QA-1	88QA-1 电动机加热器	0.05kW

续表

序号	代号	名称	功能及参数
25	88QV-1、88QV-2	油雾分离抽油烟机	380V AC/15kW
26	23QV-1、23QV-2	油雾分离抽油烟机加热器	0.05kW
27	96QQ-10、96QQ-20	油雾分离机滤网压差变送器	4～20mA
28	96QV-1	油雾分离机滤网压差变送器	4～20mA

二、润滑油系统联锁保护

（一）辅助润滑油泵 88QA

1. 启停情况

（1）开机过程中：透平转速升至转速继电器 14HS 带电时退出运行。

（2）停机过程中：透平转速降至转速继电器 14HS 失电时投入运行。

2. 保护启停

（1）润滑油箱温度 LTOT1 小于 21℃，润滑油箱加热器投入运行，同时 88QA 启动运行；当 LTOT1 大于 26.1℃时，加热器退出运行，88QA 停运。

（2）透平转速继电器 14HS 带电后，压力开关 63QA-2 动作或 VPR2-1 前润滑油压力 QAP2 小于或等于 0.289MPa，88QA 投入运行，待压力复归后 QAP2≥0.31MPa 停运。

（3）燃气轮机辅机主控信号"L1Z"（燃气轮机在零转速以上或非"Off"模式和非"COOLDOWN-Off"模式）失电，且燃气轮机转速在 95%TNH 以下，辅助润滑油泵启动运行；燃气轮机在"Off"模式或"COOLDOWN-Off"模式，且燃气轮机转速为零，辅助润滑油泵停止。

（二）应急润滑油泵 88QE

1. 启停情况

燃气轮机启机时，主保护 L4 带电后自启 88QE 试运 5s 后停运。

2. 保护启停

（1）14HR 失电时，润滑油母管压力低（L63QT 动作），应急油泵投入运行。

（2）主保护 L4 失电 30min 以内，出现润滑油压力低（L63QT 动作），应急油泵投入运行，当润滑油压力正常后（96QA-2 与 63QA-2 同时复归），应急油泵停运。

（3）燃气轮机熄火未到 24h，若 1～5 号轴瓦的最高瓦温大于 65.6℃或小于-17.7℃（热电偶故障），且同时出现润滑油压力低（L63QT 动作），应急油泵投入运行（运行 3min 停 16min 交替启停运行），直到最高瓦温小于 65.6℃或润滑油压力恢复正常。

（4）燃气轮机熄火未到 24h，若 1～5 号轴瓦的最高瓦温大于 121℃，且同时出现 L63QT 动作，应急油泵投入运行，直到最高瓦温小于 107℃时停运。

（5）大轴转速在 0～95%之间，88QA 没有运行信号，则应急油泵投入运行。

（三）油雾分离机 88QV-1/2

启停情况：润滑油压力建立（L63QT 为"0"）延时 5s，88QV 投入运行，润滑油压力失压延时 15s 停运。

（四）浸入式润滑油箱滑油加热器 23QT-1，2

当润滑油箱油温（由 LT-OT-1A 和 LT-OT-1B 高选所得）低于 21℃时，加热器投入，直到润滑油箱油温高于 26.1℃后方退出，加热器投入时，辅助润滑油泵会自动启动。

（五）润滑油箱润滑油温度高选值 LTOT

用于检测润滑油箱内润滑油温度以保证燃气轮机运行时的润滑油黏度，其作为燃气轮机是否允许启动得一个条件：若润滑油箱温度降至 12.7℃以下，则不允许启动燃气轮机，同时 MARK-Ⅵ发出 "LUBE OIL TANK TEMPERATURE LOW" 报警，直到燃气轮机润滑油箱温度升至 15.5℃后，方允许启动燃气轮机。

（六）润滑油箱液位低报警开关 71QL-1

润滑油箱中润滑油油面距油箱顶部距离大于或等于 432mm 时，MARK-Ⅵe 发出 "LUB OIL LEVEL LOW" 报警。

（七）润滑油箱液位高报警开关 71QH-1

润滑油箱中润滑油油面距油箱顶部距离小于或等于 254mm 时，MARK-Ⅵe 发出 "LUB OIL LEVEL HIGH" 报警。

（八）润滑油油滤压差开关 63QQ-1

润滑油滤前后压差升至 1.03BARG 时，该开关触点打开，持续 60s 后 MARK-Ⅵe 上会出现 "MAIN LUBE OIL FILTER DIFFERENTIAL PRESS HIGH" 报警；当润滑油滤前后压差低于 0.88BARG 后，该开关触点闭合，报警消失。

（九）液力变扭器充油油滤（金属桶式滤）压差开关 63QQ-8

其为常闭开关，压差升至 1.5BARG 后，动断点打开；持续 60s 后在 MARK-Ⅵe 上会发出 "STARTING MEAN FILTER DIFF PRESS HIGH" 报警。

（十）润滑油母管压力调节阀 VPR2-1 前压力开关 63QA-2

其为常开开关，压力低至 2.8BARG 后，打开；压力升至 3.1BARG 后触点闭合。

（十一）润滑油母管压力调节阀 VPR2-1 前压力变送器 96QA-2

（1）4～20mA，0～0.7MPa；

（2）变送的压力在 MARK-Ⅵe 上进行算法比较，设定压力低为 0.289MPa，压力返回值为 0.323MPa。

（十二）励磁机侧润滑油母管压力开关 63QT-2A/2B

常开开关，压力低至 0.055MPa 后，触点打开，压力高过 0.062MPa 后闭合。

三、润滑油系统启动前检查和试验

（一）润滑油系统启动前检查项目

润滑油系统启动前检查项目见表 7-7。

表 7-7　　　　　　　　　　润滑油系统启动前检查项目

序号	设备名称	检查项目	要求状态	备注
1	润滑油箱	油箱温度表	指示正确	
		油位表油位	＞2/3	
		油箱泄油阀	关闭	
2	冷油器	投运状况	一组备用，一组运行	
		进水阀	运行组打开，备用组关闭	
		出水阀	运行组打开，备用组关闭	
		连通阀	关闭	
		排污阀	关闭	
		切换阀	切换到位	
3	润滑油油滤	投运状况	一组备用，一组运行	
		连通阀	关闭	
		放油阀	关闭	
		切换阀	切换到位	
		压差表两侧隔离阀	打开	
4	滑油母管温度表	外观	指示正常	
5	交流润滑油泵 88QA	电动机绝缘	＞0.5MΩ	工作位，控制方式在"AUTO"
6	直流润滑油泵 88QE	电动机绝缘	＞0.5MΩ	工作位，控制方式在"AUTO"
7	油雾分离器 88QV-1/-2	电动机绝缘	＞0.5MΩ	工作位，控制方式在"AUTO"
8	辅助润滑油泵压力表	隔离阀	打开	
9	润滑油母管压力表（冷却器前）	隔离阀	打开	
10	润滑油母管压力表（VPR2-1后）	隔离阀	打开	
11	液力变扭器	进油阀	打开	
12	所有压力开关、压力表、变送器	隔离阀	打开	
		卸油阀	关闭	

（二）润滑油系统试验项目与要求

1. 燃气轮机润滑油压力低 88QA、88QE 自启动联锁试验

（1）燃气轮机解列后保持全速空载状态，检查辅助润滑油泵 88QA 已经停运，机组运行正常。

（2）检查燃气轮机润滑油系统，主润滑油泵运行正常，润滑油压正常，辅助润滑油泵88QA 处于热备用状态。

（3）经值长同意，联系热控人员到现场，协助试验并确认试验结果。

（4）按下润滑油压力开关 63QA-2 弹簧隔离阀 HV300，缓慢打开润滑油压力开关63QA-2 泄油阀 HV301。检查燃气轮机辅助润滑油泵 88QA 自启动、燃气轮机应急直流油泵 88QE 自启动。MARK-VIe 伴随有润滑油压力低报警。

（5）关闭润滑油压力开关 63QA-2 泄油阀 HV301，松开润滑油压力开关 63QA-2 弹簧隔离阀 HV300。检查报警已复位，消除。

（6）检查应急直流油泵 88QE 自动停运，润滑油系统油压正常。

（7）将辅助润滑油泵 88QA 二次选择开关打至"STOP"，迅速放开至"AUTO"位，检查辅助润滑油泵 88QA 停运正常。

（8）点击燃气轮机 MARK-VIe 主画面主复位"MASTER RESET"。

（9）按下润滑油压力开关 96QA-2 弹簧隔离阀 HV302，缓慢打开润滑油压力开关96QA-2 泄油阀 HV303。检查燃气轮机辅助润滑油泵 88QA 自启动、燃气轮机应急直流油泵 88QE 自启动。MARK-VIe 伴随有润滑油压力低报警。

（10）关闭润滑油压力开关 96QA-2 泄油阀 HV303，松开润滑油压力开关 96QA-2 弹簧隔离阀 HV302。检查报警已复位，消除。

（11）检查应急直流油泵 88QE 自动停运，润滑油系统油压正常。

（12）将辅助润滑油泵 88QA 二次选择开关打至"STOP"，迅速放开至"AUTO"位，检查辅助润滑油泵 88QA 停运正常。

（13）点击燃气轮机 MARK-VIe 主画面主复位"MASTER RESET"。

（14）检查润滑油系统运行正常。

（15）汇报值长，燃气轮机润滑油压力低，辅助润滑油泵 88QA、直流油泵 88QE 自启动联锁试验结束，试验合格。

2. 燃气轮机润滑油油箱温度低 88QA、23QT-1/2 自启动联锁试验

（1）检查燃气轮机处于零转速状态，润滑油系统已经停运，工作票已终结，现场无油系统相关检修工作。

（2）燃气轮机处于零转速状态，润滑油系统已经停运，工作票已终结，现场无油系统相关检修工作。

（3）经值长同意，联系热控人员到现场，协助试验并确认试验结果。

（4）联系热控强制润滑油油箱温度低逻辑信号 L26QL 为"1"。

（5）检查辅助润滑油泵 88QA 自启动正常，润滑油压力正常。

（6）检查润滑油油箱加热器 23QT-1/2 自动投入正常。

（7）联系热控解除对润滑油油箱温度低逻辑信号 L26QL 的强制。

（8）检查润滑油油箱加热器 23QT-1/2、辅助润滑油泵 88QA 停运正常。

（9）点击燃气轮机 MARK-VIe 主画面主复位"MASTER RESET"。

（10）汇报值长，燃气轮机润滑油油箱温度低，辅助润滑油泵 88QA、油箱加热器 23QT-1/2 自启动联锁试验结束，试验合格。

3. 燃气轮机零转速轴承金属温度高 88QE 自启动联锁试验

（1）燃气轮机处于零转速状态，润滑油系统已经停运，工作票已终结，现场无油系统相关检修工作。

（2）经值长同意，联系热控人员到现场，协助试验并确认试验结果。

（3）联系热控强制燃气轮机轴承金属温度高逻辑信号 L30BTA 为"1"。

（4）检查燃气轮机应急直流油泵 88QE 自启动，运行 3min 后自动停运，间隔 16min 后，应急直流油泵 88QE 再次自启动 3min。

（5）联系热控解除对燃气轮机轴承金属温度高逻辑信号 L30BTA 的强制。

（6）检查直流应急油泵 88QE 不再启动。

（7）点击燃气轮机 MARK-VIe 主画面主复位"MASTER RESET"。

（8）检查润滑油系统运行正常。

（9）汇报值长，燃气轮机零转速轴承金属温度高，88QE 自启动联锁试验结束，试验合格。

第四节　油雾分离系统

一、润滑油雾分离系统的作用

（1）排出润滑油箱中润滑油产生的油气。

（2）在润滑油箱内产生 $0.5 \sim 2.0$kPa 的负压，使润滑油在轴承的回油更加顺畅，增加在轴瓦中对润滑油的密封性能。

（3）将油烟中 98％的油滴回收。

二、油烟特性

（1）温度为 $50 \sim 80$℃。

（2）流量为 2000m³/h。

（3）油滴含量为 $75％ \sim 85％$。

（4）油气含量为 $15％ \sim 25％$。

三、系统组成

（1）过滤器。

（2）交流电动机 88QV。

1）额定功率 15kW。

2）额定转速：3000r/min。

3）电压等级：400VAC。

（3）压力调节阀。

（4）单向阀。

（5）虹吸收盒。通过虹吸收盒可以将进口收集箱（INLET BOX）回收的润滑油排入润滑油箱中，为了防止润滑油从虹吸收盒倒流，虹吸收盒必须保持不能低于润滑油箱的润滑油液位；其上还装有一个玻璃液位计，以便于观察盒内的润滑油液位。

（6）进口收集箱。

（7）滤器压差开关 63QQ-10，显示滤前后压力，压差超过 8MPa 报警。

四、功能描述

（1）油烟由于 88QV 的抽吸作用进口收集箱（INLET BOX），进口收集箱的主要功能是负责收集油烟中的大油滴并汇流到箱体的底部，再通过虹吸收盒返回润滑油箱中。

（2）油烟进入滤器单元，在这里一些细小的油滴被收集起来；88QV 抽吸作用使油烟中剩余的细小油滴黏附在滤器的表面，在滤器表面上黏附的油滴饱和后，再流到滤器室的底部，然后通过虹吸收盒返回油箱。

（3）压力调节阀是弹簧控制的压力调节阀，能够自动调节 INLET BOX 的压力变化，当箱体的负压增加时，此阀便慢慢打开增加回流的空气量，从而使油烟排放减少，减少负压力，由于燃气轮机的油烟是一定的，所以此阀最后会保持稳定。同时也可以手动通过此阀上的旋钮来调整润滑油箱的负压力。

（4）88QV 的启停。在润滑油压力建立后，88QV 启动；在润滑油压力低，并且持续 15s 后，将停运。在燃气轮机正常运行期间，该风扇停运将出现报警："OIL DEMISTER FAN TROUBLE"，但是不影响燃气轮机运行。系统有火灾报警信号发出，88QV 自动停运。

五、润滑油系统的启动

（1）检查辅助润滑油泵电动机绝缘合格，现场符合启泵条件。

（2）在运行润滑油系统前必须保证系统内，泵、滤网等设备内充满油。

（3）检查润滑油油箱的油位正常。

（4）启泵。检查辅助润滑油泵出口压力、运行声音、振动是否正常，油雾分离风机是否联启。

（5）系统运行一段时间后应检查润滑油系统的滤网是否堵塞，压差是否处于正常范围，润滑油箱负压与回油情况是否良好。

（6）记录时间、温度、压力、振动以及一切相关信息，为将来系统的维护做记录。

（7）润滑油系统投运后的运行检查。

1）各油系统管路、阀门位置正常，无跑、冒、滴、漏现象。

2）检查润滑油母管压力正常。

3）检查润滑油滤网压差小于 0.103MPa。

4）轴承润滑油窥窗和润滑油冷却器过滤器窥孔有连续油流。

5）润滑油冷却器进水调节阀 VTR1 在自动位置且开度正确。

6）润滑油箱油位大于 2/3，油温正常。

六、润滑油系统的停运与维护

（1）润滑油系统的停用必须在燃气轮机静止后进行。

（2）润滑油系统停用前，应先确认盘车装置、顶轴油泵处于停运状态。

（3）润滑油系统停运后，励磁侧润滑油压力低，检查油雾分离风机 88QV 停运。

七、润滑油系统运行中监视与调整

（1）检查润滑油系统管路、阀门位置正常，无跑、冒、滴、漏现象。

（2）检查润滑油箱油位在 1/3～2/3，润滑油箱油温、负压正常。

（3）检查润滑油系统油泵和油雾分离风机运行正常，热备用正常。

（4）检查调整油温为（54±2）℃，母管油压正常。

（5）检查各轴瓦回油温度在正常范围内。

八、润滑油过滤器及冷油器切换

注意：PG 9171E 型燃气轮机的润滑油过滤器与冷油器共用一个切换阀，两个必须同时切换。

（1）润滑油过滤器及冷却器的切换须由值长下令执行。

（2）检查确认备用过滤器与冷油器处于良好的备用状态。

（3）缓慢开启运行与备用润滑油过滤器之间的连通阀。

（4）观察备用润滑油过滤器油流窥窗，待油流正常后，打开备用冷油器进、出口阀。

（5）将切换阀切至备用润滑油过滤器。

（6）关闭原运行冷油器进、出口阀。

（7）关闭连通阀。

（8）切换过程中，应注意监视润滑油油滤前后的压差变化，切换应迅速，不得在中间位置停留，如发生异常情况立即切回原状态，停止操作；切换完毕后一段时间内应注意观察润滑油温度的变化情况。

九、润滑油系统异常处理

润滑油系统相关报警的原因和处理方法见表 7-8。

表 7-8　　　　　　　　　　　润滑油系统相关报警的原因和处理方法

序号	警逻辑名	原因	处理方法
1	52QA_ALM 辅助润滑油泵投入运行	大于 95％转速后辅助润滑油泵投入运行	（1）如主润滑油泵出力不足，停机后检查。 （2）如主润滑油滤脏污，切换油滤。 （3）如润滑油系统或压力开关取样管泄漏，联系检修处理。 （4）停机后校验 63QA-2 的整定值
2	L63QQ1H_ALM 润滑油滤压差高	压差开关 63QQ-1 动作	（1）检查取样管无大的泄漏。 （2）切换油滤
3	L63QT 润滑油母管压力低跳机（跳机）	发电机侧润滑油母管压力 QGP≤0.081MPa，压力开关 63QA-2 和压力开关 63QT-2A 三选二动作	（1）检查润滑油管路有无泄漏、爆裂。 （2）检查润滑油箱油位是否正常。 （3）检查主油泵、辅助油泵工作是否正常。 （4）检查泄压阀 VR1 工作是否正常
4	L63QAL_ALM 润滑油母管压力低	母管压力 QAP2≤0.294MPa 或压力开关 63QA-2 动作	（1）检查确认辅助润滑油泵 88QA 已投入。 （2）检查变送器（96QA-2）和压力开关（63QA-2）是否正确运行。 （3）修复漏孔或泵
5	L63QT_SENSR 润滑油母管压力测点故障	（1）压力开关 L63qt2al 或 L63QT2BL 任一动作，而总报警 L63QT 未动作。 （2）冷机结束后，88QA 停运。 （3）L63QT 2A，2B，L63QALX 任一信号为"0"	（1）检查润滑油压力正常。 （2）从梯形图中查出动作的信号。 （3）检查该信号取样管截止门已开、取样管无泄漏、取样管无堵塞。 （4）检查压力开关定值正确
6	L26QA_ALM 润滑油母管温度高报警	燃气轮机转速大于 10％且润滑油母管温度 LTTH≥68℃	（1）检查外冷却水系统压力正常，阀位正常，进水水滤压差正常。 （2）检查 88WC 运行正常，进、出口阀阀位正常，泵出口压力＞0.45MPa。
7	L26QT_ALM 润滑油母管温度高跳机（跳机）	燃气轮机转速大于 95％且润滑油母管温度 LTTH≥82℃	（3）检查润滑油冷却器工作正常，进口压力、温度正常。 （4）润滑油温控阀 VTR1 工作正常。 （5）补充水箱液位正常
8	L63HQlL_ALM 液压油压力低报警	燃气轮机转速大于 10％且 63HQ-1 动作	（1）检查确认辅助液压油泵 88HQ 确已启动。 （2）检查液压油滤压差，若压差高是正常脏污则切换油滤，是流量增大引起则系统可能有漏点。
9	L52HQ_ALM 辅助液压泵投入运行	燃气轮机转速＞95％，辅助液压油泵在运行状态	（3）检查滤前系统有无漏点。 （4）检查调压阀 VR21-1、VR22-1 以及单向阀 VCK3-1、VCK3-2。 （5）检查压力开关 63HQ-1 动作正常
10	L30LOT_ALM 轴承回油温度高——遮断	大于润滑油母管温度 40℃	（1）检查测点有无故障。 （2）检查冷却水系统。 （3）检查润滑油冷却器

续表

序号	警逻辑名	原因	处理方法
11	L30BTA_ALM 轴承金属温度高——报警	BTTIl-2 ≥ 129℃、BTTIl-5 ≥ 129℃、BTTI1-9 ≥ 129℃、BT-TAl-2 ≥ 129℃、BTTAl-5 ≥ 129℃、BTTAl-8≥129℃、BTGJl ≥95℃、BTGJ2≥95℃中任一条件满足	(1) 检查测点有无故障。 (2) 检查冷却水系统。 (3) 检查润滑油温度、压力
12	L94TC_ALM 液力变扭器排放阀故障（自动正常停机）	电磁阀 20TU-1 失电且限位开关 33TC 未离开 1 号燃气轮机延时 5s，2 号燃气轮机延时 10s	(1) 检查 20TU-1 有无失电。 (2) 检查限位开关。 (3) 检查 20TU-1 泄油管路
13	L63QBl_LALM 顶轴油泵出口压力低	顶轴油泵已启动且压力开关 63QB-1 动作	(1) 到就地检查顶轴油泵的出口压力。 (2) 检查顶轴油泵出口滤网有无堵塞。 (3) 检查润滑油温度是否偏高
14	L30LOAH 轴承回油温度高	LTBID≥LTTH＋30℃、LTB2D ≥LTTH＋30℃、LTB3D≥LTTH ＋30℃、LTBTID≥LTTH＋30℃、LTGID≥LTTH＋30℃、LTG2D≥ LTTH＋30℃中任一条件满足	(1) 检查润滑油系统。 (2) 检查测点。 (3) 检查 MARK-VIE 定值
15	L30BTA 轴承金属温度高	BTTIl-2 ≥ 129℃、BTTIl-5 ≥ 129℃、BTTIl-9 ≥ 129℃、BT-TAl-2 ≥ 129℃、BTTAl-5 ≥ 129℃、BTTAl-8≥129℃、BTGJl ≥95℃、BTGJ2≥95℃中任一条件满足	(1) 检查测点有无故障。 (2) 检查冷却水系统。 (3) 检查润滑油温度、压力

第五节 顶轴油系统

一、顶轴油系统设备规范

顶轴油系统设备规范见表 7-9。

表 7-9 顶轴油系统设备规范

序号	代码	设备名称	设备规范
1	96QB-1	发电机顶轴油入口压力变送器	设定：4±0.05mA 为 0kPa； 20±0.1mA 为 200kPa
2	96QB-2	发电机顶轴油出口压力变送器	设定：4±0.05mA 为 0MPa； 20±0.1mA 为 30MPa
3	63QB-1	发电机顶轴油入口压力低开关	正常：NO； 设定：减少到 0.07MPa，报警
4	63QB-2	发电机顶轴油出口压力低开关	正常：NO； 设定：减少到 12MPa，报警
5	88QB-1	1 号顶轴油泵电动机	22kW、380V、43A、50Hz、1465r/min、 2.16m³/h、28MPa
6	88QB-2	2 号顶轴油泵电动机	22kW、380V、43A、50Hz、1465r/min、 2.16m³/h、28MPa

序号	代码	设备名称	设备规范
7	FH13-1	1 号顶轴油泵出口滤网	型号：ZU-H100X10-P； 滤芯型号：HX-100X10； 过滤精度：$10\mu m$
8	FH13-2	2 号顶轴油泵出口滤网	型号：ZU-H100X10-P； 滤芯型号：HX-100X10； 过滤精度：$10\mu m$
9	23QB-1	1 号顶轴油泵电动机空间加热器	100W、220V AC、50Hz
10	23QB-2	2 号顶轴油泵电动机空间加热器	100W、220V AC、50Hz

二、顶轴油泵 88QB 联锁保护

1. 启停情况

（1）开机过程中：透平转速大于或等于 30％时，88QB 停运。

（2）停机过程中：透平转速小于 29％时，88QB 启动。

2. 保护启停

（1）透平转速大于或等于 0.06％且润滑油压力正常，选择"COOLDOWN CON-TROL"栏目下的"ON"靶标，顶轴油泵自动投入运行。

（2）透平转速大于或等于 0.41％且压力低开关 63QA-2 未动作，顶轴油泵自动投入运行。

（3）燃气轮机熄火超过 24h（L62CD 为"1"），已选择"COOLDOWN CONTROL"栏目下的"OFF"靶标，当大轴转速到零时退出顶轴油泵运行。

（4）当润滑油母管压力低开关 63QA-2 动作时，顶轴泵停运，并闭锁顶轴油泵启动。

3. 其他保护

（1）发电机顶轴油入口压力低开关 L63qb1L 动作，顶轴油进口压力低，顶轴油泵闭锁启动。

（2）顶轴油泵运行中，顶轴油出口母管压力低开关 63QB-2 动作（12MPa）或者主泵跳闸，切换至备用顶轴油泵运行。

（3）控制系统给出顶轴油泵运行指令，若顶轴油泵未运行，延时 5s MARK VIe 发 L86QB_ALM 顶轴油泵故障。

（4）顶轴油泵运行时，若顶轴油母管入口压力低于整定值 0.07MPa，延时 10s MARK VIe 发 L63QB1L_ALM 顶轴油进口压力低。

（5）顶轴油泵运行时，顶轴油母管出口压力低于整定值 12MPa，延时 10s MARK VIe 发 L63QB2L_ALM 顶轴油出口压力低。

（6）机组停机过程中，若转速小于或等于 3.3％时且 L63QB2L_ALM 报警，顶轴油出口压力低，则闭锁盘车投入。

（7）机组启机过程中，在 0.41％～8.4％转速时母线电压低，且出现顶轴油泵出口压力低或顶轴泵没有运行信号，将导致自动停机。复归后需主复位才能中止自动停机程序。

（8）润滑油压力低 L63QALX 为'1'或 1/2 号顶轴油泵入口压力低 L63qb1L 为'1'或 1/2 号顶轴泵未启动，则 MARK VIe 发 L86qb1/2_ALM 顶轴油闭锁。

三、顶轴油系统启动前检查和试验

1. 顶轴油系统启动前检查

（1）检查 1 号顶轴油泵进口阀 FV-1A 处于打开状态。

（2）检查 2 号顶轴油泵进口阀 FV-1B 处于打开状态。

（3）检查 1 号顶轴油泵出口阀 FV-2A 处于打开状态。

（4）检查 2 号顶轴油泵出口阀 FV-2B 处于打开状态。

（5）检查顶轴油泵入口母管隔离阀 HV100 处于打开状态。

（6）检查顶轴油泵入口母管压力表前隔离阀 HV101 处于打开状态。

（7）检查顶轴油泵入口母管压力变送器前隔离阀 HV102 处于打开状态。

（8）检查顶轴油泵入口压力开关前隔离阀 HV103 处于打开状态。

（9）检查顶轴油泵出口母管压力表前隔离阀 HV104 处于打开状态。

（10）检查顶轴油出口母管压力变送器前隔离阀 HV105 处于打开状态。

（11）检查顶轴油出口母管压力开关前隔离阀 HV106 处于打开状态。

（12）检查 4 号轴承顶轴油进口隔离阀 HV107 处于打开状态。

（13）检查 4 号轴承顶轴油进口压力表前隔离阀 HV108 处于打开状态。

（14）检查 5 号轴承顶轴油进口隔离阀 HV109 处于打开状态。

（15）检查 5 号轴承顶轴油进口压力表前隔离阀 HV110 处于打开状态。

（16）检查顶轴油泵出口滤网压差指示正常，未达到报警值。

（17）确认顶轴油系统相关工作票已经终结，现场清扫完毕，无任何影响顶轴油系统启动的设施等存在。

（18）检查 1、2 号顶轴油泵电动机已送电且无异常报警。

（19）检查润滑油油箱的油位正常。

（20）检查润滑油系统运行正常，润滑油油压正常。

2. 顶轴油系统的试验项目及要求

（1）燃气轮机顶轴油压力低备用 88QB 联锁启动试验（以 1 号顶轴油泵 88QB-1 为例）。

1）检查燃气轮机处于零转速状态，润滑油系统已经停运，相关工作票已终结。

2）检查燃气轮机辅助电动机开关均处于热备状态、自动位。

3）经值长同意，联系热控人员到现场，协助试验并确认试验结果。

4）点击 MARK-VIe 控制画面 COOLDOWN CONTROL 模块内的"ON"按钮，投入润滑油系统。

5）检查辅助润滑油泵 88QA-1、油雾分离机 88QV-1/2、1 号顶轴油泵 88QB-1 自启动正常。

6）联系热控强制顶轴油泵压力低逻辑信号 L63qb1l 为"1"。检查 2 号顶轴油泵 88QB-2 自启动正常，1 号顶轴油泵 88QB-1 停运正常。

7）联系热控解除对顶轴油泵压力低逻辑信号 L63qb1l 的强制，选 2 号顶轴油泵 88QB-2 为主泵。点击燃气轮机 MARK-VIe 主画面主复位"MASTER RESET"。

8）联系热控强制顶轴油泵压力低逻辑信号 L63qb2l 为"1"。检查 1 号顶轴油泵 88QB-1 自启动正常，2 号顶轴油泵 88QB-2 停运正常。

9）联系热控解除对顶轴油泵压力低逻辑信号 L63qb2l 的强制，选 1 号顶轴油泵 88QB-1 为主泵。点击燃气轮机 MARK-VIe 主画面主复位"MASTER RESET"。

10）点击 MARK-VIe 控制画面 COOLDOWN CONTROL 模块内的"OFF"按钮，停运润滑油系统。

11）汇报值长，燃气轮机顶轴油压力低备用顶轴油泵 88QB 自启动联锁试验结束，试验合格。

（2）燃气轮机顶轴油泵 88QB 电气联锁试验（以 1 号顶轴油泵 88QB-1 为主泵为例）

1）检查燃气轮机处于零转速状态，润滑油系统已经停运，相关工作票已终结。

2）检查燃气轮机辅助电动机开关均处于热备状态、自动位。

3）经值长同意，联系热控人员到现场，协助试验并确认试验结果。

4）点击 MARK-VIe 控制画面 COOLDOWN CONTROL 模块内的"ON"按钮，投入润滑油系统。

5）检查辅助润滑油泵 88QA-1、油雾分离机 88QV-1/2、1 号顶轴油泵 88QB-1 自启动正常。

6）断开 1 号顶轴油泵 88QB-1 电源，检查 2 号顶轴油泵 88QB-2 自动启动且运行正常。

7）选 2 号顶轴油泵 88QB-2 为主泵，点击燃气轮机 MARK-VIe 主画面主复位"MASTER RESET"。

8）断开 2 号顶轴油泵 88QB-2 电源，检查 1 号顶轴油泵 88QB-1 自动启动且运行正常。

9）选 1 号顶轴油泵 88QB-1 为主泵，点击燃气轮机 MARK-VIe 主画面主复位"MASTER RESET"。

10）点击 MARK-VIE 控制画面 COOLDOWN CONTROL 模块内的"OFF"按钮，停运润滑油系统。

11）汇报值长，燃气轮机顶轴油泵 88QB 电气联锁试验结束，试验合格。

四、顶轴油系统的启动

（1）启动顶轴油泵前确认电动机绝缘合格，现场符合启泵条件。

（2）在运行顶轴油系统前必须检查系统阀位处于正确状态。

（3）检查润滑油油箱的油位正常，润滑油系统在正常运行中，顶轴油泵入口压力正常。

（4）启泵，检查泵出口压力正常，运行声音、振动正常。

（5）当系统运行一段时间后应检查顶轴油系统的滤网没有堵塞，压差处于正常范围。

（6）记录时间、温度、压力、振动以及一切相关信息，为将来顶轴油系统的维护做记录。

五、顶轴油系统的停运与维护

（1）燃气轮机顶轴油系统的停运必须满足燃气轮机处于零转速状态，且燃气轮机停机时间达到停盘车所需时间时，燃气轮机"COOLDOWN"模式选择了"OFF"，燃气轮机顶轴油系统自动停运。顶轴油系统停运后，运行人员需至现场检查顶轴油系统管路、设备、阀门、仪表都处于正常状态。

（2）应通过定期检查来确保设备的出力能够达到规定要求值，必要时进行彻底大修。

（3）应利用检修的机会，彻底清洁顶轴油系统的所有设备，检修结束后不得将抹布遗漏在系统内，防止系统充油时堵塞滤网。

（4）当重新装配设备时，应严格按照 GE 公司检修规范来执行，并且要保证管路的清洁。

（5）使用注意事项：

1）顶轴油系统装有过滤精度 $10\mu m$ 的过滤器，为减少滤芯更换次数应使用经过滤后合适黏度的油液。

2）滤油器发讯器上的机械式按钮弹跳凸起时，需要更换或清洗滤芯。先拆掉滤油器底部螺塞放空滤油器内油液，然后顺时针旋开，拆下滤筒；同样的操作拆下滤芯，即可更换滤芯。

3）顶轴油系统设有泄压阀用来限制系统压力，使系统的压力维持在限定的压力以下。

4）主润滑油系统应该在高压顶轴油泵装置启动前运行，绝不允许高压顶轴油泵在主润滑油系统无流量状态下运行，导致泵损坏。

5）做好日常的检查工作，如压力表等表的示值准确、回零，溢流阀及泵工作情况，管道及密封件完好，油温正常等。

6）在正常情况下，阀门应处于全开位置。只有在更换顶轴油泵或维修时，才允许将相关的阀门关闭，切断相应的油路，防止主润滑系统的油外泄。

六、顶轴油系统运行中监视与调整

（1）检查顶轴油系统管路、阀门位置正常，无跑、冒、滴、漏现象。

（2）检查顶轴油系统测点运行正常。

（3）检查顶轴油泵运行声音、轴承温度、振动等是否正常。

（4）检查顶轴油泵运行正常，辅助顶轴油泵热备用正常。

（5）检查调整顶轴油入口压力不小于 0.07MPa，出口压力不小于 12MPa。

七、顶轴油系统异常处理

（一）顶轴油系统报警解析

1. L63QB2L_ALM 顶轴油模块出口压力低

（1）报警注析：顶轴油泵运行时，顶轴油母管出口压力低，触发 L86QBX，闭锁盘车投入。

（2）操作要点：在机组停机过程中，若发 L63QB2L_ALM 报警，会闭锁盘车投入，造成大轴冷却不均，大轴弯曲，须按规定进行闷缸 48h 处理，因此，值班员应在盘车投入之前，赶至就地进行检查，查看润滑油压力、顶轴油母管进口压力、油箱油位、油箱负压、润滑油母管和顶轴油模块管路阀门有无跑冒滴漏现象，查看 TCC 间 88QB 电动机开关柜状态，检查盘面报警栏，汇报值长、专业，联系电气测量绝缘合格后，经值长、专业人员同意可手启 88QB，确保盘车投入。若机组处于盘车状态时，触发 L63QB2L_ALM 报警，此时不会立即闭锁停运盘车，直到 L14HTG＝0 时，才会闭锁盘车，可能会导致盘车电机过载烧毁，此时应立即至就地查看润滑油压力、顶轴油母管进口压力、油箱油位、油箱负压、润滑油母管和顶轴油模块管路阀门有无跑冒滴漏现象，查看 TCC 间 88QB 电动机开关柜状态，检查盘面报警栏，汇报值长、专业人员。

2. L86QB1_ALM 88QB-1 顶轴油泵闭锁

（1）报警注析：润滑油压力低，顶轴油进口压力低，1 号顶轴油泵闭锁未启动。此信号自保持，需主复位。

（2）操作要点：立即至就地查看，检查 2 号顶轴油泵是否正常联启，润滑油压力、顶轴油压力、油管路、阀门是否正常，各轴瓦有无异声。若未正常启动，手启顶轴油泵，汇报值长、专业人员。

3. L63QB1L_ALM 顶轴油模块进口压力低

（1）报警注析：顶轴油泵运行时，顶轴油母管入口压力低，动作值为 0.07MPa。

（2）操作要点：立即至就地查看，检查现场顶轴油泵启动运行状况，查看现场油温、油压，检查各轴瓦有无异声，执行油压低事故预案，汇报值长、专业人员。

4. L86QB2_ALM 88QB-2 顶轴油泵闭锁

（1）报警注析：润滑油压力低，顶轴油进口压力低，2 号顶轴油泵闭锁未启动。此信号自保持，需主复位。

（2）操作要点：立即至就地查看，检查 1 号顶轴油泵是否正常联启，润滑油压力、顶轴油压力、油管路、阀门是否正常，各轴瓦有无异声。查看 TCC 88QB 开关柜状态，联系电气人员测量 88QB 电动机绝缘，绝缘合格后，经值长、专业人员同意可手启 88QB。

5. L86QB_ALM 顶轴油泵故障

(1) 报警注析：有顶轴油泵运行指令，但主油泵未运行。

(2) 操作要点：立即在盘面检查备泵运行状态，查看顶轴油母管进出口压力，就地检查顶轴油模块，检查 TCC 主泵开关柜，联系热控，汇报专业人员、值长。

(二) 顶轴油系统常见故障及排除方法

顶轴油系统常见故障及排除方法见表 7-10。

表 7-10　　　　　　　　　　　顶轴油系统常见故障及排除方法

序号	现象	产生的原因	排除方法
1	电动机启动，系统没有压力	(1) 电源没接通或反转了。 (2) 压力表开关未松开或压力表损坏。 (3) 溢流阀卡死。 (4) 主润滑油系统没有供油	(1) 接通电源或调整转向。 (2) 松开压力表开关或更换压力表。 (3) 清洗溢流阀。 (4) 检查或启动主润滑油系统
2	系统压力不稳定	(1) 系统中有空气。 (2) 油液污染严重。 (3) 吸油不畅。 (4) 压力油路泄漏。 (5) 负载变化。 (6) 系统溢流阀工作不正常。 (7) 压力表座处于振动状态	(1) 在系统最高处或吸油管处排除系统中空气。 (2) 过滤或更换油液。 (3) 清洗或更换吸油滤油器等。 (4) 拧紧各结合处，排除泄漏。 (5) 检查系统负载。 (6) 更换或修复溢流阀。 (7) 消除表座振动原因
3	油泵温度太高	(1) 油泵内部漏损太大。 (2) 液压系统泄漏太大。 (3) 系统压力过高	(1) 检修油泵。 (2) 紧固结合处或更换有关元件根除泄漏。 (3) 调整系统压力至适当值
4	系统流量太小或不稳定	(1) 油泵吸油不畅。 (2) 油泵吸油管路漏气。 (3) 油液污染严重。 (4) 泵变量机构处于小偏角。 (5) 油泵中心弹簧断裂无初始密封力。 (6) 系统油温过高。 (7) 油泵损坏。 (8) 主润滑油系统未启动或油量不足	(1) 清洗或更换吸油过滤器。 (2) 密封堵漏。 (3) 过滤或更换油液。 (4) 增大偏角。 (5) 更换中心弹簧。 (6) 查出原因，降低油温。 (7) 更换油泵。 (8) 启动主润滑油系统或检查主润滑油系统油量
5	噪声过大	(1) 吸油阻力太大，自吸真空度太大，吸油管路漏气。 (2) 液压系统漏气（回油管未插入液面以下）。 (3) 主润滑油系统油量不足	(1) 减小吸油阻力，降低真空度，排查吸油管路漏气。 (2) 将所有回油管插入液面以下 200mm。 (3) 检查主润滑油系统油量

第六节　液压油系统

一、液压油系统设备规范

液压油系统设备规范见表 7-11。

表 7-11 液压油系统设备规范

序号	代号	名称	功能及参数
1	PH1	主液压油泵	可调压的变排量泵，由辅助齿轮箱驱动，出口压力为 10.5MPa，流量为 $3.9m^3/h$
2	PH2	辅助液压油泵	浸没立式离心泵，交流电动机驱动，出口压力为 10.5MPa，流量为 $2.724m^3/h$
3	FH2-1，2	液压油滤	单流式，两组，并联可切换
4	VR21	主液压油泵安全阀	整定值：11.37MPa
5	VR22	辅助液压油泵安全阀	整定值：11.37MPa
6	VAB1	液压系统排气阀（主）	将液压出口油路积存的空气排出
7	VAB2	液压系统排气阀（辅）	将液压出口油路积存的空气排出
8	VCK3-1	主液压油泵出口止回阀	整定值：0.15MPa
9	VCK3-2	辅助液压油泵出口止回阀	整定值：0.15MPa
10	63HF-1	液压油滤压差高报警	整定值：0.413MPa
11	VM4	液压油滤切换阀	用于油滤之间切换
12	63HQ-1	液压油压力低报警/启 88HQ	整定值：9.3MPa
13		液压油系统容量	$3.4m^3/h$
14	AH1-1	控制油储能器	1 个
15		管道材料	304 不锈钢

二、液压油系统联锁保护

以辅助液压油泵驱动电动机 88HQ-1 为例。

1. 启停情况

（1）开机过程中：发启动令后当 L4 为"1"时启动，转速大于 95％TNH 延时 2.5s 液压油母管压力正常（63HQ-1 未动作）后停运。

（2）停机过程中：L14HS 失电时启动，熄火后即 L4 为"0"时停运。

2. 保护启停

（1）透平转速大于或等于 95％TNH 且压力低开关 63HQ-1 动作时 88HQ-1 启动。

（2）主保护失电，若辅助液压油泵 88HQ-1 未启动，则禁止启动 88HQ-1；若辅助液压油泵 88HQ-1 启动，则透平转速小于或等于 94％时停运辅助液压油泵 88HQ-1。

1）液压油油滤压差开关 63HF-1：动断开关，压差升至 413kPa 后，触点打开，在 MARK-VIe 上会发出"HYDRAULIC FILTER DIFF PRESSURE HIGH"报警；压差低至 275kPa 后返回。

2）液压油母管压力开关 63HQ-1：动合开关。压力降至 9.3MPa 时开关动作，返回值为 10MPa。开关动作持续 3s，系统将会发出"HYDRAULIC OIL PRESSURE LOW ALARM"报警。

3）当燃气轮机到达运行转速后（14HS 带电），若 88HQ 未自动停运，控制系统不允许同期并网。

三、液压油系统启动前检查和试验

1. 液压油系统启动前检查

液压油系统启动前检查项目见表7-12。

表 7-12　　　　　　　　液压油系统启动前检查项目

序号	名称	检查项目	要求状态	备注
1	液压油滤	压差开关 63HF-1 两侧试验阀	打开	
		压差开关 63HF-1 泄油阀	关闭	
		液压油滤 FH2-1 排气阀	关闭	
		液压油滤 FH2-1 泄油阀	关闭	
		液压油滤 FH2-2 排气阀	关闭	
		液压油滤 FH2-2 泄油阀	关闭	
		FH2-1、FH2-2 连通阀	关闭	
		切换阀	切换到位	
		投运状况	一组备用，一组运行	
2	辅助液压油泵 88HQ	电动机绝缘	>0.5MΩ	
3	液压油压力开关 63HQ-1	隔离阀	打开	
		泄油阀	关闭	
4	液压油压力表	隔离阀	打开	
5	液压油蓄能器	隔离阀（两个）	打开	
		放气阀（两个）	关闭	
		排油阀（两个）	关闭	

2. 液压油系统的试验项目及要求

（1）检查燃气轮机解列后发启动令保持全速空载状态，辅助液压油泵 88HQ 在停运状态，机组运行正常。

（2）检查燃气轮机润滑油系统，主润滑油泵运行正常，液压油压力正常，辅助液压油泵 88HQ 处于热备用状态。

（3）经值长同意，联系热控人员到现场，协助试验并确认试验结果。

（4）按下液压油压力开关 63HQ-1 弹簧隔离阀 HV120，缓慢打开液压油压力开关 63HQ-1 液压油泄放阀 HV121。

（5）MARK-VIe 发液压油压力低报警，检查辅助液压油泵 88HQ 自启动正常，液压油压力正常。

（6）关闭液压油压力开关 63HQ-1 液压油泄放阀 HV121，松开液压油压力开关 63HQ-1 弹簧隔离阀 HV120。检查液压油压力低报警复归。

（7）将辅助液压油泵 88HQ 二次选择开关打至"STOP"，再放开至"AUTO"位，检查辅助液压油泵 88HQ 停运正常。

（8）点击燃气轮机 MARK-VIe 主画面主复位"MASTER RESET"。

（9）检查液压油系统运行正常。

四、液压油系统的启动

（1）检查辅助液压油泵电动机绝缘合格，现场符合启泵条件。

（2）在运行液压油系统前必须保证润滑油系统投运。

（3）启泵，检查泵出口压力、运行声音、振动等是否正常。

（4）系统运行一段时间后应检查液压油系统的滤网没有堵塞、压差处于正常范围。

（5）记录时间、温度、压力、振动以及一切相关信息，并为将来系统的维护做好记录。

（6）液压油系统投运后的运行检查。

1）液压油系统管路、阀门位置正常，无跑、冒、滴、漏现象。

2）检查液压油母管压力、液压油压力正常。

3）检查液压油母管压力不小于 9.3MPa，液压油滤网压差小于 413kPa。

五、液压油系统的停运与维护

（1）燃气轮机熄火后，可根据实际需要启、停 88HQ。

（2）定期检查系统蓄能器压力在正常范围。

（3）定期对液压油滤进行切换、清洗。

六、液压油系统运行中监视与调整

（1）检查液压油系统管路、阀门位置正常，无跑、冒、滴、漏现象。

（2）检查蓄能器运行正常。

（3）检查主液压油泵运行正常，辅助液压油泵在热备用正常。

（4）检查调整液压油母管压力不小于 9.3MPa，液压油滤网压差小于 413kPa。

七、液压油系统的定期工作

液压油系统液压油滤的切换如下：

（1）检查确认备用液压油滤处良好备用状态。

（2）检查确认切换阀指针指向运行液压油滤，联通阀在关位。

（3）缓慢打开联通阀，对备用液压油滤进行充油。

（4）缓慢打开备用液压油滤排气阀进行排气，直到有连续油流后关闭排气阀。

（5）拉开切换阀定位销，迅速将切换阀打向备用液压油滤；立即检查液压油压力无异常波动。

（6）检查确认切换阀指针指向原备用液压油滤，切换阀定位销锁定。

（7）关闭联通阀，确认原备用液压油滤运行状态良好。

（8）整个切换过程若有异常应迅速切换回原运行液压油滤运行。

（9）检查系统运行良好，各相应参数正常。

八、液压油系统异常处理

润滑油系统相关报警的原因和处理如下：

（1）燃气轮机运行中液压油压力降至9.3MPa时，63HQ-1开关动作，延时2.5s后辅助液压油泵将启动，若到第3s时压力还未恢复，则系统将会发出"HYDRAULIC SUPPLY PRESSURE LOW"报警；若压力恢复正常（10MPa以上），辅助液压油泵不会自行停运，需运行人员检查液压油系统正常后，手动停运该泵；若压力开关63HQ-1返回，主复位88HQ-1停运。

（2）液压油油滤压差开关63HF-1：动断开关，压差升至413kPa后，触点打开，在MARK-VIe上会发出"HYDRAULIC FILTER DIFF PRESSURE HIGH"报警；压差低至275kPa后返回。

（3）燃气轮机正常过启动过程中，主保护带电后启动；母管压力正常，燃气轮机14HS=1后停运，如果此时88HQ-1未停运，系统将发出"AUX HYDRAULIC OIL PUMP MOTOR RUNNING"报警，检查液压油系统，压力正常后可手动停运辅助液压油泵。

第七节 IGV 系 统

一、系统概述

（1）燃气轮机的进气可转导叶（Inlet Guide Vanes，IGV）有两个主要作用：

1）在燃气轮机启动、停机的低转速过程中，防止燃气轮机压气机发生喘振；

2）当燃气轮机在联合循环中的部分负荷状态下，通过调整IGV角度来控制燃气轮机排烟温度，以提高联合循环整体的热效率。

（2）IGV叶片的布置：从顺气流方向看，从压气机进气缸上半缸右侧开始，定义为1号叶片，按逆时针排列，共64片。

二、IGV的控制方式

（1）燃气轮机未投IGV温度控制：燃气轮机在其校正转速小于或者等于77.33%TNH（实际转速约为84%TNH）时，IGV的角度处于最小位置（34°），目的是为了避免压气机出现旋转失速现象，从而防止压气机在低速状态下发生喘振。当燃气轮机的校正转速超过77.33%TNH时，IGV的角度逐步打开，IGV角度达到57°后，燃气轮机简单循环排烟温度曲线开始控制。简单循环的温度曲线设计为371℃，就是说燃气轮机在校正转速超过77.33%TNH后，排烟气温度未达到371℃前，燃气轮机的IGV角度一直保持为

57°；在燃气轮机排烟温度超过 371℃ 后，IGV 的角度逐步打开，并维持排烟温度在 371℃，直到 IGV 角度全部打开。（升级后的 MARK-Vie 系统一直保持 IGV 温控控制）

（2）燃气轮机投入 IGV 温度控制：压气机的 IGV 角度在达到 57°前与简单循环的控制状态一样；在燃气轮机 IGV 角度达到 57°后，介入燃气轮机排烟气的温度曲线为较高的温度（经过修正后值最大为 570℃，此曲线是压气机排气压力的减函数）。目的是在燃气轮机启机时，余热锅炉、汽轮机能够快速启动；燃气轮机在部分负荷状态下，以维持一个在该负荷下较高排烟温度，使机组在联合循环的热效率得到改善。

三、系统组成

（1）IGV 控制电磁阀 20TV-1：动合电磁阀，燃气轮机在零转速以上（14HR 失电）时，该电磁阀上电，切断泄油通路，IGV 处于可调节状态；燃气轮机在零转速后（14HR 上电），该电磁阀失电，接通泄油回路，IGV 处于不可调节状态，直接在液压油的作用下关小至物理最小角度（28°）。

（2）IGV 伺服液压控制油供油油滤 FH6-1：带压差指示器（弹出式红点），金属油滤，孔径 $40\mu m$，红点弹出后需更换，不可在线更换。

（3）IGV 跳闸放泄切换阀 VH3：（7 WAY 2 POSITION：7 通 2 位）当 20TV-1 不带电时，它在来自液压油系统的液压油的作用让液油压不经过伺服阀 90TV 而直接进入油动机去关小 IGV 至机械最小位置。当 20TV-1 带电时，它接通伺服阀 90TV 与油动机之间的液压油路，使 IGV 处于可以被调整的状态，在这种状态下，液压油只能经过伺服阀 90TV进入油动机，开大或关小 IGV。

（4）IGV 控制电液伺服阀 90TV-1：伺服阀（电液转换器）。

（5）线性可变差动变压器 96TV-1、96TV-2：检测 IGV 的角度，作为控制系统对 IGV角度的反馈信号，取两者中间的高值。

（6）IGV 叶片助动及旋转系统 HM3-1：角度设定范围为 $34°\sim86°$。

（7）液压缸前节流孔板：防止 IGV 位置变换过快。

四、IGV 控制过程简述

（1）当机组启动后，高压液压油经过 $40\mu m$ 过滤器 FH6-1 后流向 90TV-1 伺服阀和 VH3-1A/1B 进口可转导叶遮断器；由于 20TV-1 在燃气轮机零转速继电器 14HR 带电前是失电状态，所以经节流孔板后的控制油处于回油状态，遮断器 VH3-1A/1B 的油缸在弹簧力的作用下处于左边的工作状态。液压油经 VH3-1B 后通过 2mm 的限流孔板进到 HM3-1 的油缸活塞下部腔室，活塞上部腔室经过 VH3-1A 接通回油管路，在此情况下，HM3-1 关闭到最小位置。可转导叶 IGV 处于初始状态；当机组在启动电动机带动下使 14HR 动作时，20TV-1 带电，经节流孔板后的控制油油压建立，推动 VH3-1 阀向左移动，使该阀处于右边位置，这时将液压油 OH-4 接通伺服阀 90TV-1 和 HM3-1 的油缸的液压油路，使可转导叶 IGV 处于可调节状态。

（2）当所要求的可转导叶角度位置信号和可转导叶的位置反馈信号（来自 96TV-1，2）相加结果不为零时，90TV-1 伺服阀将接受来自控制系统（R）（S）（T）3 个控制器的经过运算放大的直流电流，90TV-1 线圈中有电流流过，扭力器在磁场力的作用下发生偏转，偏转角度的大小与通过电流的大小成比例，偏转方向则取决于线圈中电流的方向。扭力器的射流管随着扭力器一起偏转。液压油从射流管高速喷出。射流管正对面有两个对称布置的扩压通道，如果扭力器不发生偏转（即线圈中无电流通过），射流管处于中间位置，则左右两个扩压通道中油压相同。二级滑阀两端油压相等，从而处于中间位置，二级滑阀的凸肩盖住两个经 VH3-1 通向 HM3-1 油缸的油口（1 与 2），这时没有液压油进入油缸，可转导叶静止不动。

（3）当线圈中有电流流过时，使射流管偏离中间位置，则在两个扩压通道中形成不同的油压，从而使二级滑阀两端受力不同，二级滑阀就会离开自己的中间位置，使液压油经油口 1（或 2），再经过 VH3 进入 HM3-1 的油缸的左（或右）侧，而油缸的右（或左）侧的液压油经 VH3-1，再经过油口 2（或 1）与回油接通，这样就可以使可转导叶关小或开大。射流管与二级滑阀之间有一根反馈弹簧，它的作用是增加调节过程的稳定性：一是保证调节过程中二级滑阀不至于移动过快；二是保证调节结束时二级滑阀能够回到中间位置。伺服阀 90TV-1 如图 7-1 所示。

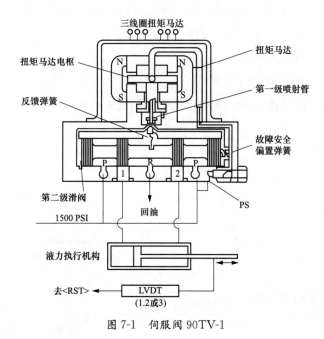

图 7-1 伺服阀 90TV-1

五、IGV 的逻辑保护设置

（1）燃气轮机启动前若 IGV 反馈角度 CSGV＜28°或未选择水洗模式时，转速继电器

14HA 带电后 IGV 反馈角度 CSGV>35°，则燃气轮机不允许启动，并在 MARK-Vie 上会发出 "INLET GUIDE VANE POSITION SERVO TROUBLE" 报警；当 IGV 伺服电流<−35%时，延时 5s，禁止启动。

（2）若 IGV 反馈角度 CSGV 与 IGV 控制角度 CSRGV 参考值的差值大于 3.5°，持续 5s 后，MARK-Vie 上会发出 "INLET GUIDE VANE CONTROL TROUBLE ALARM" 报警；若燃气轮机转速在运行转速以上（14HS 上电）时，IGV 反馈角度 CSGV 小于 38°或燃气轮机转速在运行转速以下（14HS 失电）时，IGV 反馈角度 CSGV 超过 IGV 控制角度 CSRGV 达 7.5°以上，持续 5s，MARK-Vie 上会发出 "INLET GUIDE VANE CONTROL TROUBLE TRIP" 报警，燃气轮机跳闸。

六、IGV 部分转速基准的算法

通过逻辑计算，可以简化为以下的计算公式

$$CSRGVPS=[TNHCOR-(CSRGVPS1)]\times CSRGVPS2 \tag{7-1}$$

$$TNHCOR=TNH\times\sqrt{\frac{54°F}{46°F+CTIM}} \tag{7-2}$$

式中　CSRGVPS——IGV 部分转速基准；

TNHCOR——燃气轮机实际转速校正；

CSRGVPS1——IGV 开启起始理论值（典型值为 77.32%TNH）；

CSRGVPS2——IGV 开启速率（典型值为 6.785°/%）；

TNH——燃气轮机额定转速；

CTIM——压气机进气温度，°F。

通过式（7-2）可以计算出在空载满速前燃气轮机大约多少转速时 IGV 可以开始由 34°打开至 57°。

IGV 温控线如图 7-2 所示。

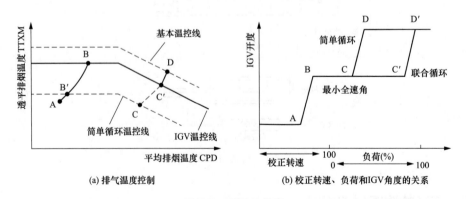

图 7-2　IGV 温控线

第八节 通风和加热系统

一、通风和加热系统主要规范

通风和加热系统主要规范见表 7-13。

表 7-13   通风和加热系统主要规范

序号	代号	名称	功能及参数
1	88BT-1/2	轮机间冷却风扇电动机	380V AC/30kW
2	88VG-1/2	负荷间冷却风扇电动机	380V AC/18.5kW
3	88VL-1/2	DLN 阀站通风风扇电动机	380V AC/4kW
4	23HA	辅机间空间加热器	380V AC/15.6kW
5	23HT	轮机间空间加热器	380V AC/15.6kW
6	23HA-11	DLN 阀站空间加热器	380V AC/3.9kW
7	23HA-12/13/14/15/16	DLN 阀站进气加热器	380V AC/15kW

二、通风和加热系统联锁保护

（一）轮机间冷却风扇 88BT-1/2

1. 启停情况

（1）开机过程中：主保护带电且无火灾信号，88BT 启动。

（2）停机过程中：熄火后即 L4 为"0"且直到透平间空间温度小于 110°F，88BT 停运。

2. 保护启停

（1）机组熄火后，若透平间空间温度大于 350°F 时，88BT 启动，直到透平间空间温度小于 110°F，88BT 停运。

（2）机组停运时，若点火前气体探头一个故障或者任一个高报警，88BT 启动，直到故障信号消除 10min 后。88BT 停运。

（3）火灾保护系统发出火灾报警时自动停运。

3. 联锁保护

下列情况备用风机联启。

（1）主风机电气故障。

（2）主风机未运行。

（3）主风机出口挡板未到位。

（4）主风机低电流。

（二）负荷间风机 88VG-1/2

1. 启停情况

（1）开机过程中：透平转速大于或等于 8.4％TNH 且无火灾信号，88VG 启动。

（2）停机过程中：透平转速小于或等于 6％TNH 88VG 停运。

2. 保护启停

火灾保护系统发出火灾报警时自动停运。

3. 联锁保护

下列情况备用风机联启。

（1）主风机电气故障。

（2）主风机未运行。

（3）主风机出口挡板未到位。

（4）主风机低电流。

（三）DLN 阀站风机 88VL-1/2

1. 启停情况

（1）火灾保护系统无火灾报警发出时，88VL 启动维持运行。

（2）火灾保护系统有火灾报警发出时，88VL 自动停运。

2. 联锁保护

下列情况备用风机联启。

（1）主风机电气故障。

（2）主风机未运行。

（3）主风机出口挡板未到位。

（4）主风机低电流。

（四）发电机间风机 88GV-1/2

1. 启停情况

（1）开机过程中：转速继电器 14HM 带电且发电机间温度 atgc1＞86℉，88GV 启动。

（2）停机过程中：转速继电器 14HM 失电且发电机间温度 atgc1＜50℉，88GV 停运。

2. 联锁保护

下列情况备用风机联启：

给出风机启的指令，备用风机无电气故障，无火灾，主风机故障。

（五）88TK 的逻辑保护

1. 启停情况

（1）开机过程中：MCC 电压正常且透平转速大于或等于 95％TNH，88TK-1 启动，延时 11s 88TK-2 启动。

（2）停机过程中：透平转速小于或等于 94％或者主保护失电，88TK-1、88TK-2 同时停运。

2. 保护启停

（1）透平转速大于或等于 95%，88TK-1、88TK-2 任意一台未启动或者两台均未启动时，延时 21s 88TK-3 启动；88TK-1、88TK-2 恢复同时运行时，88TK-3 停运。

（2）燃气轮机交流母线低电压时，88TK 全停运。

（3）火灾保护系统发出火灾报警时自动停运。

3. 联锁保护

空载全速后，任意一台 88TK 电气故障或出口风压低，联启 88TK-3，待恢复后 88TK-3 自动停运。

（六）其他报警及保护

（1）并网后，3 台 88TK 出口风压低（63TK-1、2、3 动作值：3736.32±745Pa），机组进入自动降负荷程序。

（2）并网后，任意两台 88TK 出口风压低，发透平排气框架出口风压低报警。

（3）轮机间通风风机 88BT 有运行指令或者天然气 DLN 阀站通风风机 88VL 有运行指令时，母线低电压保护动作，延时 8s，机组自动降负荷停机。

（4）轮机间通风风机 88BT 有运行指令，机组点火后，若两台 88BT 均未运行或检测到两台风机的出口挡板限位开关均在关位，延时 30s，机组跳闸。

（5）天然气 DLN 阀站通风风机 88VL 有运行指令，机组点火后，若两台 88VL 均未运行或检测到两台风机的出口挡板限位开关均在关位，延时 30s，机组跳闸。

（6）88BT 有运行的指令，两台风机出口挡板均在关位，发"透平间通风未建立"报警，禁止点火。

（7）88BT 运行时，两台风机的出口挡板均在开位，延时 60s，发"透平间通风过量"报警，危险气体保护暂时退出。

（8）选择 88BT-2 为主风机时，88BT-1 有启动指令，88BT-1 运行或选择 88BT-1 为主风机时，88BT-2 有启动指令，88BT-2 运行，延时 5s，发"透平间冷却风机故障"报警。

（9）88VL 运行时，两台风机的出口挡板均在开位，延时 60s，发"透平间通风过量"报警，危险气体保护暂时退出。

（10）选择 88VL-2 为主风机时，88VL-1 有启动指令，88VL-1 运行或选择 88VL-1 为主风机时，88VL-2 有启动指令，88VL-2 运行，延时 5s，发"透平间冷却风机故障"报警。

（七）加热装置的启停控制

1. 辅机间空间加热器 23HA

（1）机组停运熄火后，两台透平间通风风机 88BT 均停运，且无火灾情况下辅机间空间温度低于 59°F 时，加热器 23HA 投入运行。

（2）当辅机间空间温度高于 68°F 时，加热器 23HA-1、23HA-2、23HA-3、23HA-4 退出运行。

2. 透平间空间加热器 23HT

（1）机组停运熄火后，两台透平间通风风机 88BT 均停运，且无火灾情况下轮机间空间温度低于 59°F（attc1、attc2 和 attc3 取最小时值）时，加热器 23HT 投入运行。

（2）当透平间空间温度高于 115°F（attc1 或 attc2）时，加热器 23HT 退出运行。

3. DLN 阀站空间加热器 23HA-11

（1）无火灾情况下，DLN 阀站通风风机 88VL 全停；DLN 阀站空间温度低于 59°F 时，加热器 23HA-11 投入运行。

（2）当 DLN 阀站空间温度高于 68°F 时，加热器 23HA-11 退出运行。

4. DLN 阀站进气加热器 23HA-12/13/14/15/16

（1）DLN 阀站进气温度低于 10°F 时，延时 5s，加热器 23HA-12 投入运行；当 DLN 阀站空间温度高于 68°F 时，加热器 23HA-12 退出运行。

（2）若加热器 23HA-12 运行 5min 后，DLN 阀站进气温度仍低于 50°F 时，加热器 23HA-13 投入运行；不到 5min，DLN 阀站空间温度高于 68°F 时，加热器 23HA-13 退出运行。

（3）若加热器 23HA-13 运行 5min 后，DLN 阀站进气温度还低于 10°F 时，加热器 23HA-14 投入运行；不到 5min，DLN 阀站空间温度高于 68°F 时，加热器 23HA-14 退出运行。

（4）热器 23HA-15/16 可与 23HA-12 同时投入，同时退出。

（八）空间温度的保护逻辑

1. 辅机间温度（atac1）

（1）atac1＜59°F，辅机间温度低报警。

（2）atac1＜50°F，辅机间温度低低报警，返回值为 55.4°F。

（3）atac1＞68°F，辅机间温度高报警。

（4）atac1＞149°F，辅机间温度高高报警，返回值为 143.6°F。

2. 轮机间温度（attc1、attc2、attc3）

（1）attc1 和 attc2，轮机间温度差值大报警。

（2）attc1 和 attc2 取最大值大于 350°F，轮机间温度高报警，返回值为 340°F。

（3）两台 88BT 全停，14HR=1，attc1、attc2 和 attc3 取最小值小于 50°F，轮机间温度非常低报警，返回值为 55.4°F。

3. DLN 阀站温度（atac11）

（1）atac11＜41°F，DLN 阀站温度非常低报警，返回值为 46.4°F。

（2）atac11＞149°F，DLN 阀站温度非常高报警，返回值为 143.6°F。

4. 负荷间温度（atlc1）

（1）atlc1＞400°F，负荷间温度高报警，返回值为 390°F。

（2）两台 88VG 全停，14HR=1，atlc1＜50°F，负荷间温度非常低报警，返回值为

$55.4^\circ F$。

（九）透平蜗壳温度（TTIB1、TTIB2、TTIB3）

（1）并网后，TTIB1、TTIB2、TTIB3 取最大值大于 $430^\circ F$，透平蜗壳温度高报警，触发自动降负荷程序，返回值为 $415^\circ F$。

（2）并网前，TTIB1/2/3 取最大值大于 $450^\circ F$，透平蜗壳温度高自动停机，返回值为 $435^\circ F$。

三、通风和加热系统启动前检查和试验

（一）通风和加热系统启动前检查

（1）查有关工作票已终结，现场整洁、无杂物。

（2）启动与盘车系统启动前检查项目见表 7-14。

表 7-14　　　　　　　　　　启动与盘车系统启动前检查项目

序号	设备名称	检查项目	要求状态
1	轮机间冷却风扇 88BT	电动机绝缘	$>0.5M\Omega$
2	负荷间冷却风扇 88VG	电动机绝缘	$>0.5M\Omega$
3	发电机罩壳通风风机 88GV	电动机绝缘	$>0.5M\Omega$
4	气体小间通风风机 88VL	电动机绝缘	$>0.5M\Omega$

（3）检查所有风机电源正常，开关处于自动位。

（4）检查所有风机出口挡板位置正确。

（二）通风和加热系统试验

1. 负荷间通风风机 88VG 电气联锁试验

（1）检查燃气轮机已经熄火，燃气轮机处于降速过程，机组运行正常。

（2）检查负荷间 1 号通风风机 88VG-1 运行，负荷间 2 号通风风机 88VG-2 处于热备用状态。

（3）经值长同意，联系电控人员到现场，协助试验并确认试验结果。

（4）断开负荷间 1 号通风风机 88VG-1 电源开关。无延时检查负荷间 2 号通风风机 88VG-2 自启动。

（5）选择负荷间 2 号通风风机 88VG-2 为主风机，点击燃气轮机 MARK-VIE 主画面主复位"MASTER RESET"。检查负荷间 2 号通风风机 88VG-2 运行正常，负荷间 1 号通风风机 88VG-1 处于热备用状态。

（6）断开负荷间 2 号通风风机 88VG-2 电源开关。无延时检查负荷间 1 号通风风机 88VG-1 自启动。

（7）选择负荷间 1 号通风风机 88VG-1 为主风机，点击燃气轮机 MARK-VIE 主画面主复位"MASTER RESET"。检查负荷间 1 号通风风机 88VG-1 运行正常，2 号负荷间通

风风机 88VG-2 处于热备用状态。

（8）汇报值长，燃气轮机负荷间通风风机 88VG 电气联锁试验结束，试验合格。

2. 燃气轮机透平间通风风机 88BT 电气联锁试验

（1）检查燃气轮机正在降速中即将熄火，机组运行正常。

（2）检查透平间 1 号通风风机 88BT-1 处于运行状态，透平间 2 号通风风机 88BT-2 处于热备用状态。

（3）经值长同意，联系电控人员到现场，协助试验并确认试验结果。

（4）断开透平间 1 号通风风机 88BT-1 电源开关。检查透平间 2 号通风风机 88BT-2 自启动。检查透平间 2 号通风风机 88BT-2 运行正常。

（5）选择透平间 2 号通风风机 88BT-2 为主风机，点击燃气轮机 MARK-VIE 主画面主复位"MASTER RESET"。

（6）断开透平间 2 号通风风机 88BT-2 电源开关。检查透平间 1 号通风风机 88BT-1 自启动。检查透平间 1 号通风风机 88BT-1 运行正常。

（7）选择透平间 1 号通风风机 88BT-1 为主风机，点击燃气轮机 MARK-VIE 主画面主复位"MASTER RESET"。

（8）检查机组运行正常。

（9）汇报值长，燃气轮机透平间通风风机 88BT 电气联锁试验结束，试验合格。

四、通风和加热系统的启动

（1）气体小间通风风机 88VL 处于自动状态时，风机自动运行。

（2）开机过程中，当主保护带电且无火灾信号时，88BT 启动。

（3）开机过程中，负荷间冷却风扇 88VG 在透平转速继电器 14HT 带电时启动。

（4）开机过程中，发电机罩壳通风风机 88GV 在透平转速继电器 14HM 带电时启动。

（5）房间温度低时，空间加热器自动启动。

五、通风和加热系统的停运与维护

（1）停机过程中，熄火后即 L4 为"0"且直到透平间空间温度小于 110°F，88BT 停运。

（2）停机过程中，负荷间冷却风扇 88VG 在透平转速继电器 14HT 失电时停运。

（3）停机过程中，发电机罩壳通风风机 88GV 在透平转速继电器 14HM 失电后停运。

（4）机组长时间停运时，可手动停运气体小间通风风机 88VL。

（5）房间温度高时，空间加热器自动停运。

六、通风和加热系统运行中监视与调整

（1）检查风机运行正常，备用辅机联锁正常。

（2）倾听风机本体及电动机各部无异常摩擦声。

（3）各部位振动符合规定。

（4）检查燃气轮机各房间温度正常。

第九节 冷却与密封空气系统

一、概述

（1）冷却与密封空气系统的冷却对象是高温燃气通道的高温热部件。防止燃气通道中的高温部件超温受到损伤，在燃气轮机组中是通过两条措施来实现的：第一条措施是对高温燃气通道中的高温部件进行冷却，冷却用的介质是空气；第二条措施是为机组设置了温度控制系统和超温报警以及超温遮断跳闸保护系统。

（2）冷却与密封空气系统的采用，除了保护高温部件不受到超温损害这一功能外，还具有可以提高透平进气温度，从而提高机组的出力和热效率的功能。因此，为燃气轮机组设计合理的冷却密封系统，并使其正常可靠地运行，是十分必要和十分重要的。在9E燃气轮机中，需要进行冷却的高温部件有透平的喷嘴和动叶、透平的轮盘、透平的外壳和排气框架的支撑。

（3）冷却所用的空气主要由压气机提供，但是冷却透平外壳和排气框架的支撑所用的冷却空气由安装在机组之外的离心风机（88TK-1/2/3）提供。为了从压气机引出冷却空气，在设计过程中，对压气机的结构做了仔细的考虑〔例如：利用压气机的带压空气（AE5）进行轴承的密封，在启机停机过程中，在压气机的某一级（AE11）后面抽出一部分空气排入大气，以防止压气机出现喘振等〕。因此，冷却与密封空气系统的功能不能狭义地看成只是起到冷却与密封的作用。

二、冷却密封设备组成

（1）88TK-1/2/3：透平框架冷却风机启动电动机（55kW-2900r/min-380V AC-50Hz，由燃气轮机 MCC 供电），风机为离心风机。

（2）23TK-1/2/3：88TK-1/2/3 电动机防潮加热器，230V AC 0.05kW。

（3）VCK7-1/2/3：风机出口单向阀。

（4）63TK-1/2/3：冷却风机出口压力低开关，设定动作压力为（3.7363±0.7473）kPa。

三、冷却密封系统功能

在9E燃气轮机中，冷却与密封空气系统的功能及各抽（排）气源的作用如下：

（1）对透平高温通道里的热部件进行冷却。

（2）冷却透平双层缸和排气框架支撑。（88TK-1/2/3）

（3）提供 1、2、3 号轴承密封和冷却透平三级复环用气。（AE-5）

（4）为压气机防喘振阀提供控制气源。（AD-1）

（5）启动失败排放阀控制气源。（AD-2）

（6）压气机排气压力变送器 96CD-1A/1B/1C 取样气源。（AD-4）

（7）压气机防喘放气阀放气通道及盘车时轴承密封。（AE-11）

（8）气体燃料清吹气源。（PA-3）

（9）进气加热系统工作气源。（IE30）

四、透平的冷却空气的走向

目前使用的燃气轮机，由于燃气初温已在 1200℃左右，因此，对透平的转子和静子都必须采用从压气机中抽出部分空气，用作透平的冷却；由此在透平的结构上将会与压气机部分有很大的区别。由于不同的冷却措施，结构上形成了许多特点，详述如下：

1. 静子和转子的冷却

图 7-3 所示为 MS9001E 透平的空气冷却系统图，按照透平冷却部位所需压力、温度的高低，冷却空气自压气机不同级处引来，气缸及静叶的分为两股，转子的分为三股。

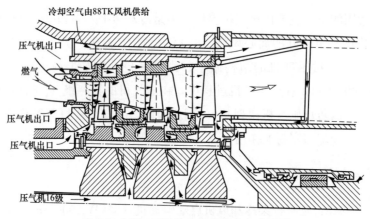

图 7-3　MS9001E 透平的空气冷却系统图

静子冷却的第一股空气从压气机出口，经燃烧室的燃气导管周围空腔引来，其中较多的部分流入一级静叶持环，再流入一级静叶内部冷却流道，冷却静叶后从静叶出气边小孔排至主燃气流中；另一部分经一级护环去冷却二级静叶，流入二级静叶的空气，一部分冷却叶片后从出气边排至主燃气流中，另一部分从内环前端小孔流出，冷却一级叶轮出气侧和二级叶轮进气侧。第二股冷却空气从 88TK 风机引来，经气缸上均匀布置的一圈孔道冷却气缸后，进入排气扩压机匣与扩压器之间的外腔，再经扩压机匣上的内支撑流道流入内腔，最后自三级叶轮出气侧流入扩压器中。因此，第二股空气还冷却了扩压机匣和第三级叶轮出气侧。

转子的冷却空气，第一股是从压气机出口的高压蜂窝式密封处泄漏过来的，至转子进气侧冷却一级叶轮进气侧。第二股从压气机 16 级经转子内部流道引来，其中多数流入一级叶轮内部冷却，然后从叶顶排入主燃气流中，其余的一部分却冷却二级动叶，另一部分流至二级叶轮出气侧，对二级叶轮出气侧和三级叶轮进气侧进行冷却。此外，从压气机第 5 级前引入后轴承密封的空气，有一部分要漏入转子出气侧，它可视为对转子出气侧的冷却。

从上述可看出，透平的气缸得到了良好的冷却，而透平转子，由于每级叶轮的进气和出气侧面都有冷却空气流过，使这些表面与燃气完全隔开，各级轮盘的表面全部被冷却空气所包围，冷却效果也必然良好。正因为如此，使燃气轮机在燃气初温高达 1124℃ 的情况下，能够长期安全地运行。

总的来看，透平冷却用的空气从压气机中引来，对于静子是在采用双层结构的基础上给以适当的冷却；对于转子是用空气冷却所有可能接触到燃气的外表，使它与燃气隔开并得到足够的冷却。

对于具体冷却的部件，可采取措施来强化冷却，例如增大冷却空气流速，或冷却空气形成保护气膜即气膜冷却等。图 7-4 所示为增大气流流速的例子，它在气缸的冷却孔道中加装麻花状板条，使冷却空气在孔道中的流动路程变长，流速增加，从而提高冷却效果。

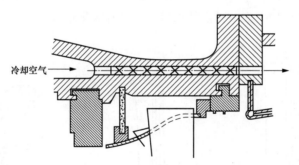

图 7-4 透平气缸冷却空气孔强化冷却结构

2. 透平叶片的冷却

（1）透平静叶的冷却。透平静叶的冷却，往往把几种冷却方式一起应用，这称为综合冷却，以增加冷却效果。图 7-5 为例，在静叶内部有一导管，冷却空气先流入其中，从一排小孔流出冲向静叶头部形成冲击冷却，以加强对温度最高的头部进行冷却，然后沿着静叶内表面与导管之间的流道形成对流冷却。最后从出气边一排小孔流出形成气膜冷却静叶出气边。这样的冷却方式，既加强了头部冷却，又使较薄的出气边得到必要的冷却，改善了冷却效果。

图 7-6 所示为 MS9001E 透平的一级静叶冷却结构，它在静叶内部也有导管，只是导管上有多排冲击冷却空气流出孔，在静叶的内表形成多处冲击冷却。静叶出气边除有一排

气膜冷却小孔外，叶片内部还有一排对流冷却小孔，增加了对出气边的冷却效果，但这时出气边相对要厚一些，对气动性能不利。

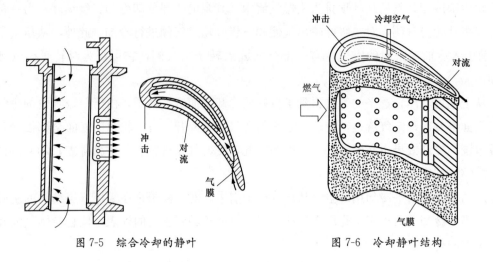

图 7-5　综合冷却的静叶　　　　　　　图 7-6　冷却静叶结构

（2）透平动叶的冷却。透平动叶的冷却，不少的仅用对流冷却，这时叶片的精铸较为方便，对流冷却动叶，冷却空气从叶根处流入，流过叶身从叶顶或出气边流出。图 7-7 所示为从叶顶流出冷却空气的动叶，图 7-7（a）的冷却空气从叶根底部流入，图 7-7（b）的冷却空气从长柄的上部流入。冷却空气通道见图 7-7（c）有小圆孔、椭圆孔以及下面一种形状复杂的通道，其中以下面一种换热面最多，冷却效果最好。

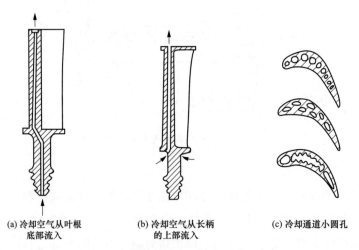

(a) 冷却空气从叶根　　　　(b) 冷却空气从长柄　　　　(c) 冷却通道小圆孔
底部流入　　　　　　　　的上部流入

图 7-7　冷却空气从叶顶排出的对流冷却

MS9001E 透平的一级和二级动叶都采用小圆孔冷却通道，一级动叶冷却空气从叶根底部流入，从叶顶排出。二级动叶是在叶柄内铸出冷却孔。

一级动叶如图 7-8 所示。

二级动叶也是由沿叶高伸展的空气通道冷却，它不同于一级动叶是由于动叶叶柄周围

的空气温度较低，无须进行叶柄冷却，故第二级
的冷却孔是由在叶柄铸出的通道供给冷却空气
的。透平三级动叶是没有空气内冷的。

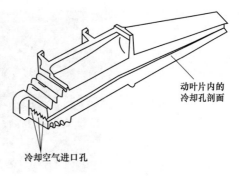

透平的一、二级动叶由于叶片内部对流冷却
的结果，与不进行内部对流冷却叶片相比，可保
持较低的金属温度；或者说可以使透平进口温度
提高111℃。

动叶片内的
冷却孔剖面

冷却空气进口孔

图 7-8　一级动叶

透平的一、二、三级叶轮共安装了 12 支（6
对）热电偶，它们的信号送入通信机中，每对的两支热电偶取平均值，得到 6 个温度信号
（AVG1，2，3，4，5，6），参与燃气轮机的控制与保护：

1）在燃气轮机启动转速达 3000r/min 后的 60min 之内时：

若 AVG1＞465.6℃ 或 AVG2＞521.1℃、AVG3＞548.9℃、AVG4＞548.9℃、
AVG5＞548.9℃、AVG6＞493.3℃ 时，MARK VIe 上会发出 "WHEELSPACE TEM-
PERATURE-HIGH" 报警；

2）在燃气轮机启动转速达 3000r/min 后的 60min 之后时：

若 AVG1＞426.7℃ 或 AVG2＞482.2℃、AVG3＞510℃、AVG4＞510℃、AVG5＞
510℃、AVG6＞454.4℃ 时，MARK VIe 上会发出 "WHEELSPAC TEMPERATURE
HIGH" 报警。

若上述 6 对热偶任一对温度之差超过 150°F，则在 MARK VIe 上会发出 "WHEEL-
SPACE TEMP DIFFERENTIAL HIGH" 报警；AVG1、AVG2、AVG3、AVG4、
AVG5、AVG6 中最高温度小于 65.5℃（150 °F）后，燃气轮机方允许进行水洗
（L69TWW 为 "1"）。

五、轴承密封空气

（1）用于轴承密封的空气是从压气机第五级处的压气机气缸外部管道引出的（AE-
5）。这里的空气压力还不太高（100～200kPa），空气引出后经过一只隔离阀进入分离器，
分离出空气中的杂质以防止它们进入轴承将轴承磨损。分离出的杂质经孔板排入污水管
道，该孔板的作用是限制排放的空气量，使分离器保持一定的压力。经分离后得到的清洁
加压空气分别经法兰孔板 B、G、E，进入 1、2、3 号轴承。

（2）加压空气被引入轴承的两端，形成一道压力屏障，把本来可能通过轴承机械密封
漏出来的润滑油带回轴承箱里。在完成密封任务之后，空气随润滑油进入油管，再进入润
滑油箱，经油雾分离器风机排出。节流孔板 B、G、E 控制了去轴承的密封空气流量和压
力。停机时，压气机第五级抽气压力低，由供气传输阀 VA14 通过来自压气机第十一级抽
气向燃气轮机 1、2、3 号轴承提供冷却密封空气。轴承密封如图 7-9 所示。

图 7-9　轴承密封

六、冷却密封系统相关逻辑保护

1. 透平框架冷却风机 88TK-1、88TK-2、88TK-3 启停控制

（1）开机过程中：MCC 电压正常且透平转速≥95％TNH，88TK-1 启动，延时 11s 88TK-2 启动。

（2）停机过程中：透平转速 94％TNH 或者主保护失电，88TK-1、88TK-2 同时停运。

2. 保护启停

（1）燃气轮机交流母线低电压时，88TK 全停运。

（2）火灾保护系统发出火灾报警时自动停运。

（3）透平转速大于或等于 95％TNH，88TK-1、88TK-2 任意一台未启动或者两台均未启动时，延时 21s 88TK-3 启动；88TK-1、88TK-2 恢复同时运行时，88TK-3 停运。

88TK 相关逻辑保护如图 7-10 所示。

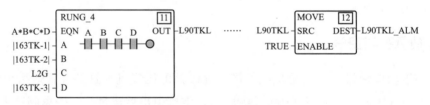

图 7-10　88TK 相关逻辑保护

（4）当 3 台透平框架冷却风机出口压力低开关同时动作时，触发机组自动降负荷程序。

3. 供气传输阀 VA14

（1）当压气机排气压力大于 620kPa 时，供气传输阀 VA14 自动关闭，燃气轮机轴承密封由压气机第十一级供气切换至压气机第五级供气。

（2）当压气机排气压力小于 517kPa 时，供气传输阀 VA14 自动打开，燃气轮机轴承密封由压气机第五级供气切换至压气机第十一级供气。

（3）若机组转速继电器 14HS（95％TNH）带电，供气传输阀仍在开位，控制系统发

"供气传输阀故障"报警。

（4）机组启动前若检测到供气传输阀 VA14 在关位，则闭锁机组的启动。

4. 防喘放气阀 VA2-1、VA2-2、VA2-3、VA2-4

（1）机组并网后，负荷大于 10MW，防喘放气阀电磁阀带电，发出指令关闭防喘放气阀；延时 11s 若检测到任意防喘放气阀未关闭，则触发机组自动降负荷程序。

（2）进气加热系统退出且机组负荷小于 7.5MW，或者机组解列，防喘放气阀电磁阀失电，发出指令，打开防喘放气阀。

（3）机组有停机指令，发电机解列后，若检测到任意防喘放气阀在关位，机组停止降速，延时 120s 或者 14HS（94%TNH）失电，防喘放气阀仍未打开，机组直接跳闸。

（4）机组启动前若检测到任意防喘放气阀在关位，则闭锁机组的启动。

第十节　进　气　系　统

一、概述

燃气轮机的性能和运行可靠性与进入机组的空气质量和清洁程度有密切的关系。因此为了保证机组高效率地可靠运行，必须配置良好的进气系统，对进入机组的空气进行过滤，滤掉其中的杂质。一个好的进气系统，应能在各种温度、湿度和污染的环境中，改善进入机组的空气质量，确保机组高效率可靠地运行。

二、布置与组成

9E 燃气轮机进气系统由一个封闭的进气室和进气管道组成。进气管道中有消声设备。进气管道下游与压气机进气道相连接。进气系统的功能可概括为对进入机组的空气进行过滤、消声，并将气源引压气机的入口。

9E 燃气轮机进气系统组成包括进口防雨雾筛网、圆筒形及圆锥形组合过滤器（460组）、滤器安装架及隔板、空滤反清洗管路、进气导流罩、膨胀节、消声器、压气机入口连接弯管。

三、部件作用

（1）进口防雨雾筛网：用来防止像小鸟、树枝、纸片之类的物体进入机组。同时，通过筛网中填充物料的弯曲布置形式，对湿度较大的空气（雨、雾天气）中的水蒸气能起到一定的凝结的作用，凝结水直接排除，保证进气一定的干燥性。

（2）圆筒形及圆锥形组合过滤器：能过滤掉空气中的杂质（直径大于 5μm），保证压气机进气的洁净度。

（3）滤器安装架及隔板：用来固定空气过滤器，同时隔离滤前及滤后的气流。

（4）空滤反清洗管路：提供空滤的反清洗管路，对积聚在空滤进气侧的杂质灰尘进行反吹，机组运行时能防止杂质灰尘在空滤表面聚成饼状而难以清除，在停机后反清洗能吹掉空滤表面的积灰，提高滤器的通透性，降低进气压力损失，提高机组效率。

（5）进气导流罩：平顺地改变气流的方向，使得压损在尽可能小的情况下导入消声器及压气机入口。

（6）膨胀节：膨胀接头是用螺栓连接到进气室和进气管道上，用来补偿进气和进气系统的热膨胀。

（7）消声器：消声器是几块竖直平行布置的隔板，隔板由多孔吸声板做成，里面装着低密度的吸声材料。此外，管道的内壁加装有用同样方式处理过的衬里。消声器专门设计成消除压气机所产生的基调噪声，对其他频率的噪声也有削弱作用。

（8）压气机入口连接弯管（90°）：它由一个经过声学处理的弯头组成，也起到一定的消声作用。

四、空滤压差监视及系统保护设置

1. 压差监视

（1）由于进气压力损失对机组的效率及出力影响较大：对于 9E 燃气轮机，进气压力损失（压降）每增加 1kPa，燃气轮机出力降下降 1.54%，热耗增加 0.56%，排气温度增加 1.7℃；对于排气压力损失（压增）每增加 1kPa，燃气轮机出力降下降 0.56%，热耗增加 0.56%，排气温度增加 1.7℃；可见进气压力损失对燃气轮机的性能影响是较明显的。为此在进气系统中设置了较多的压力或压差测量元件，如下：

1）进气道压差变送器 96TF-1：当空滤压差为 1.3999kPa（5.62inH$_2$O）时，需投空滤反吹。

2）进气道压差高开关 63TF-2A/2B：设定动作压差值为 2.34kPa，动作后导致控制逻辑信号 L63CS2AH、L63CS2AH 为"1"。

3）进气道压差变送器 96CS-3：变送至控制系统压差参数名为 AFPCS3。

4）当 AFPCS3＞1.7436kPa（7inH$_2$O）时，触发控制逻辑信号 AFPCS3_HIGH 为"1"；其返回值为 AFPCS3＜1.6938kPa（6.8inH$_2$O）。

5）当 AFPCS3＞1.9927kPa（8inH$_2$O）时，触发控制逻辑信号 L63CS2CH 为"1"；延时 1s，控制系统会发出"压气机进气压差高"报警；其返回值为 AFPCS3＜1.8682kPa（7.5inH$_2$O）。

6）当 AFPCS3＞2.192kPa（8.8inH$_2$O）时，触发控制逻辑信号 L63CS2CHH 为"1"；其返回值为 AFPCS3＜2.0425kPa（8.2inH$_2$O）。

（2）在逻辑信号 L63CS2AH、L63CS2BH、L63CS2CHH 中，若有两个信号同时为"1"，则燃气轮机保护动作跳闸。

（3）在逻辑信号 L63CS2AH、L63CS2BH、L63CS2CH 中，若 L63CS2CH 为"0"而

L63CS2AH 或 L63CS2BH 为"1"，且维持 60s 以上，则控制系统会发出"压气机进气道压差开关故障"报警。

2. 空滤反吹系统

为增加空滤的使用寿命，降低进气滤及压气机进气道的压差值，提高燃气轮机的出力及效率，9E 燃气轮机设置了空滤的自清吹系统。该反吹系统的反吹空气气源为燃气轮机压缩空气系统提供。该系统的设备组成及相关保护定值如下：

（1）空滤压差指示表 PI：用于显示进气滤的压差值。

（2）启动、停止空滤反吹压差开关 PDS100：当空滤压差大于 0.55kPa 时，投空滤反吹；当空滤压差小于 0.45kPa 时，停空滤反吹。

（3）空滤反吹电磁阀：共有 230 个电磁阀，每个电磁阀控制两组空滤的反吹（共 460 组空滤）；空滤的反吹为脉冲式反吹，电磁阀带电时，该电磁阀对所对应的空滤（两组）进行反吹。电磁阀的带电与失电及带电时间（脉冲宽度）、失电间隔（脉冲触发间隔）都由 3 块程序控制器控制（D01、D02、D03）；带电时间可调（0~0.99s），失电间隔可调（0~99s）。

（4）反吹空气管路压力低开关 63CA-1：设定动作压力为 550kPa；该开关动作时触发控制逻辑信号 L63CAL 为"1"，同时控制系统会发出"COMPRESSED AIR CLEANING PRESS LOW"报警。正常反吹气压要求在 700kPa 以上。

第十一节 进气加热系统

一、概述

进气加热系统通过将少量压气机排气抽出，在循环到进口气流，实现对压气机进气加热。进气加热的主要作用有以下三个方面：

（1）通常在寒冷的冬天，燃气轮机运行时进口大气温度偏低，燃气轮机的进气加热（IBH）系统可以防止压气机进口结冰。

（2）在带有 DLN1.0 燃烧喷嘴的 PG9171E 型燃气轮机中，进气加热系统还可以起到扩大 DLN1.0 燃烧室预混燃烧工作范围，尤其是在压气机进口导叶 IGV 的配合下，更大限度地增大了干式低 NO_x 燃烧室预混燃烧工作范围。

（3）限制压气机压比超限的作用。

二、布置与组成

（1）两个双元件进口热电偶（CT-IF-1、CT-IF-2）用以测量压气机进气温度。

（2）进气加热手动隔离阀 VM15-1 的开断可控制压气机抽气管道的通断。

（3）进气加热排放电动阀 VA30-1 由马达操纵器 90TH-4 控制开断，用来排放在进气加热管道内集聚的凝结水，限位开关 33TH-4 监控 VA30-1 的阀位。

（4）进气加热控制阀 VA20-1 是一个自动调节进气加热管路气流的阀门，通过阀前、后压力变送器 96BH-1、96BH-2 上游及下游的压力计算气流量，并通过下述安装在阀体上的部件进行动作：

1）弹簧隔膜阀执行器作为 VA20-1 的直接执行机构。

2）I/P（电流/气动压力）转换器 65EP-3 通过调节执行器的空气压力控制阀位。

3）进气加热控制阀气源压力调节阀 VPR41-1 调节电气转换器 65EP-3 的仪表用压缩空气。

4）进气加热控制阀跳闸电磁阀 20TH-1 用以执行器空气压力的迅速泄放，从而控制电磁阀迅速打开。

5）为了在紧急情况下快速打开控制阀，设计了快速开启回路，当电气转换器输入电流为 4mA 或 20TH-1 失电时，进气加热控制阀气量气压调节阀 VA40-1、进气加热控制阀快速排放阀 VA42-1 快速开启放空，迅速开启控制阀。

6）进气加热控制阀位置变送器 96TH-1 用以提供位置监控反馈给控制板。

三、部件作用

（1）压气机排气被再循环到压气机进口用于加热所占的百分率由控制板 SPEEDTRONIC 软件决定，此百分率转化为阀位所需指令，转成 4～20mA 的电流信号用来驱动电气转换器 65EP-3。

（2）进气加热系统控制阀 VA20-1 受 SPEEDTRONIC 控制，燃气轮机启动初期该阀保持关闭，当并网后，升负荷过程中 VA20-1 逐渐打开。

（3）位置变送器 96TH-1 提供的 4～20mA 阀位反馈信号用于控制作故障检测，若命令位置与反馈位置信号差值大于某个时段的设定极限，系统会发出进气加热控制阀的故障报警，如此情况持续时间过长，压气机进气加热系统将失效，并采取措施限制限制燃气轮机运行于安全范围内。

（4）故障探测同样用于压力传感器 96BH-1、96BH-2。一旦 96BH-1 测点故障，会导致压气机排气压力（CPD）备用压力读数。若 96BH-2 测点故障，用于预混调节功能的进气加热系统将停止工作，系统发出"进气加热压力传感器故障"报警。

四、进气加热控制阀运行控制

（1）进口抽气加热系统将压气机排气温度（CTD）作为进口抽气加热空气的温度，同时由 96BH-1/-2 压力变送器可以测量出 VA20-1 控制阀的进口压力与压降。再根据这些参数，以及利用制造厂提供的调节阀流量特性曲线可以计算出不同的阀门行程的质量流量。而控制阀的进口压力和压降又是压气机进口可转导叶的函数，精心设计的调节阀阀门型线可以确保压气机抽气流量是进口可转导叶（IGV）开度的单值函数，呈线性关系。

（2）以 PG9171E 为例，在机组发启动令后，燃气轮机并负荷后（预选负荷 20MW），此时进气加热系统进气加热控制阀（IBH）才满足条件开始打开，同时进气抽气加热控制阀在进口可转导叶（IGV）由 57°开始降至 42°，压气机抽气流量此时达到 16.35lbm/s（1bm＝0.4536kg）。随着 IGV 开始增大，到 57°时流量增大（18.6lbm/s），IBH 控制阀开始关闭至全关。正常运行时进气加热控制阀有 3 个控制基准：一是压气机进口防冰堵控制基准；二是预混燃烧方式扩展基准；三是压气机运行保护基准。在这 3 个基准中取最大值，反馈给进气加热控制阀，作为控制阀位置命令 CSRIHOUT。

（3）机组在启动过程中，并网升负荷过程中，IGV 开度由 57°逐渐降至 42°时，IBH 阀门开始打开；负荷为 95MW，IGV 开度为 62°，IBH 开始关闭。

（4）机组在停机过程中，负荷为 97MW，IGV 开度由 57°降至 42°，IBH 阀门开始打开；机组解列，IGV 开度由 42°升至 57°，IBH 开始关闭。

（5）由此可见，无论机组的启动或停机，进气抽气加热的关闭或开启都是在较高的负荷下进行的，这将会对机组效率有负面影响。因此在 40%～80%负荷时，要注意监视 IBH 的工况，加负荷时要快速，减负荷时要缓慢。

五、进气加热控制阀运行保护

（1）进气加热系统控制阀 VA20-1 因受 SPEEDTRONIC 控制，进气抽气加热系统控制阀 VA20-1 调控压气机抽口抽气的流量，并且将抽气引入位于压气机进气流道中的加热母管加热进气。抽气的流量最大可以控制 5%的压气机进气流量。为了在紧急的情况下能快速打开控制阀，系统中设计了控制阀快速开启回路，当 I/P 转换器向气动执行机构输入 4mA 电流或 20TH-1 失电时，快速回路的 VA40-1 和 VA42-1 阀放空迅速控制阀开启。

（2）当出现进气加热控制阀保护动作时，即 L3BHF＝1，将使跳闸阀 20TH-1 失电，进气加热控制阀全开，以防止压气机压比超出运行极限，保证机组运行安全。因为 9E 燃气轮机组的 VA20-1 是一个正常的阀门，在失去仪用空气时，失去 4～20mA 的控制信号。在跳闸电磁阀 20TH-1 失去直流电压信号的情况下，进气加热控制阀 VA20-1 执行机构内故障安全弹簧将使阀门全开。此故障也将会自保持，同样需要主复位后恢复进气加热系统的正常运行。

六、进气加热系统各功能的实现

1. 防止压气机结冰

（1）环境温度低于 4.44℃（40°F），并且压气机进口温度和露点温度之差（过热度）小于 5.6℃（10°F），为了防止冰冻，将自动启动进口抽汽加热功能。起初防冰堵装置运行时，会命令进气加热控制阀抵达行程的 50%的位置。为取得最佳的稳定防冰堵控制，采用了露点温度的比例积分闭环控制，以使进口空气温度保持在高于露点温度 5.6℃（10°F），以防止低于 0℃（32℉）时凝结水成冰。在露点温度传感器发生故障时，应将环境温度偏置参考值作为湿度传感器的反馈指令。

（2）环境温度热电偶在进气加热总管和露点温度传感器均位于进气加热总管下游。压差开关（63TF-2A，2B）监控进口滤网压降是否超出范围，压降过大说明已发生冻结，即触发一个报警，警告操作员有冰堵现象。压气机抽气加热母管位于进口空气过滤器下游。在进口位置需要安装防雨雾装置以便防雪防冻时，防冻系统更好地发挥效能。

2. 扩大 DLN1.0 燃烧室预混燃烧工作范围

（1）对均相预混湍流天然气火焰燃烧传播特性的研究表明，按火焰温度为 1430～1530℃ 这个标准来选择燃料与空气的混合比是比较合适的。这样才可能使燃烧室的氮氧化物和一氧化碳的排放量都比较低。但是，均相预混可燃混合物的可燃极限范围比较狭窄，而且在低温下，火焰传播速度比较低，一氧化碳排放量又会增大。故为防止熄火，并使适应燃气轮机负荷变化范围很广的特点设计的干式低污染燃烧室，除了要合理地选择均相预混可燃混合物的实时掺混比和火焰温度外，通常还采用了分级燃烧的方式以扩大负荷的变化范围。近期 GE 公司研制的 DLN1.0、DLN2.0、DLN2.0＋、DLN2.6 都是并联式分级燃烧的，同样能达到此目的。

（2）在采用 DLN 预混燃烧室后，受一次空气通流面积固定的影响，燃料与空气实时掺混比只能在一定的范围内保持预混燃烧稳定。如果能控制各种工况下特别是低负荷工况下的预混燃烧所需的空燃比，就能扩大预混燃烧的工作范围。日本三菱公司在 M701F 燃气轮机的燃烧系统中设置旁路阀，旁路阀安装在燃烧室尾部区域，可将压气机的出口空气直接导入过渡段，调节绕过燃烧室火焰的空气量，以控制低负荷工况时的预混燃烧所需的空燃比，以此来扩大预混燃烧的工作范围。而 GE 公司则采用有限的减少进口可转导叶的最小全速角，辅以进气加热，降低进口流量，确保达到预混燃烧所需的空燃比的负荷值较低，以此来扩大预混燃烧的工作范围。

（3）当以降低的 IGV 的最小全速角的设定值运行时，随着扩大预混燃烧模式到较低的负荷，必然会减少燃气轮机压气机设计的喘振裕度。同时，IGV 角度的减少会引起较高的压力降，它将会导致在一定的环境温度下在第一级静叶片形成结冰。需要通过使用再循环压气机排气对进口空气加热。用这种对压气机出口压力泄压和增加压气机进口空气温度的办法，即抽气加热进气的方法能防止因降低 IGV 的最小全速角的设定值运行可能带来的压气机失速，同时还可以防止压气机第一级静叶片结冰。

3. 压气机压比超限保护

由压气机的通用特性曲线可知，压气机必须运行在极限压比之下，而极限压比又是 IGV 角度经温度修正过的折合转速的函数。各种因素共同作用，如极冷的大气温度、很小的 IGV 角度、燃气初温、低热值的燃料组分等，都会引起压气机压比接近设计的极限值。因此在机组的加载运行中，压气机压比超限保护设置下列保护：

（1）利用抽气加热进气对压气机压比进行保护。在机组的加载运行中，当压气机压比达到工作极限基准时，打开抽气加热控制阀。

（2）在快速负荷变化时或是在近期进气加热有故障时，用燃气轮机 FSRCPR（压气机压比燃料控制基准）去限制燃料量，对压气机压比进行保护。

第十二节 火 灾 保 护 系 统

一、火灾保护系统设备规范

火灾保护系统设备规范见表 7-15。

表 7-15　　　　　　　　　　　火灾保护系统设备规范

序号	代号	名称	功能及参数
1		二氧化碳气瓶	76 瓶/45kg
2		储蓄罐压力	5.17MPa（20℃）
3	45FA-1A、45FA-1B 45FA-2A、45FA-2B	辅机间火警探测器	CO_2 灭火系统是在保护区域内发生火灾时（温感：负荷间 385℃ 和 316℃，辅机间 163℃，轮机间 316℃，DLN 间 163℃）自动喷射 CO_2 灭火（1min）并保持一定时间（40～60min）足够浓度以防再次起火
4	45FT-1A、45FA-1B 45FT-2A、45FA-2B、 45FT-3A、45FA-3B	轮机间火警探测器	
5	45FT-8A、45FA-8B 45FT-9A、45FA-9B	负荷联轴器间火警探测器	
6	45FA-6A、45FA-6B， 45FA-7A、45FA-7B	DLN 间火警探测器	
7	SLI-1A、SLI-1B、SLI-1C、SLI-1D	声光组合报警器	辅机间、轮机间（ZONE1）4 个
8	SLI-3C	声光组合报警器	负荷间（ZONE2）1 个
9	SLI-1D、SLI-1E、SLI-2E	声光组合报警器	DLN 室（ZONE4）3 个
10	43CP-1、43CP-2、43CP-3、 43CP-4、43CP-5、43CP-6、 43CP-7	手动破碎玻璃式报警	辅机间 2 个、轮机间 2 个、负荷间 1 个、DLN 间 2 个
11	5E1、5E2	手动紧急停机按钮	辅机间

二、火灾保护系统联锁规范

（1）在保护设置上，首先将各区域火灾探头分成几个环（LOOP）。在辅机间的火灾探头中，45FA-1A 和 45FA-2A 组成一个环，45FA-1B 和 45FA-2B 组成一个环；在轮机间的火灾探头中，45FT-1A、45FT-2A 和 45FT-3A 组成一个环，45FT-1B、45FT-2B 和 45FT-3B 组成一个环；在负荷间的火灾探头中，45FT-8A 和 45FT-9A 组成一个环，45FT-8B 和 45FT-9B 组成一个环；在 DLN 间的火灾探头中：45FA-6A 和 45FA-7A 组成一个环，45FA-6B 和 45FA-7B 组成一个环。

1）对于上述每一个环中的任意一个火灾探头动作，该环即被激活，无其他动作，控制系统会发出预报警。

2）若同一区域（AREA）内的两个环都被激活，则系统会发出火灾报警，燃气轮机跳闸。

（2）火灾保护系统有预报警时，燃气轮机禁止启动。

（3）火灾保护系统报警后，声光组合报警器动作，发出声光报警；报警闪光灯动作，发出闪光报警；机组跳闸，1min 内 MCC 所有通风电动机停运，CO_2 气瓶进行喷放。

三、火灾保护系统启动前检查

（1）查有关工作票已终结，现场整洁、无杂物。

（2）检查火灾保护盘正常无报警。

（3）检查灭火系统设备正常，CO_2 气瓶压力为 15MPa。

（4）检查工作现场无火灾隐患。

四、火灾保护系统的启动

火灾保护系统按启动方式分为自动控制和机械应急手动控制。

1. 自动控制

当灭火系统处于自动控制状态时，若电磁瓶驱动阀接受打开阀门信号，电磁瓶驱动阀打开释放灭火剂，从而打开对应保护区的所有续放瓶。经延时器延时 30s 后，驱动对应区域内主放瓶，释放灭火剂实施灭火。在延时时间内，对应保护区的气喇叭鸣叫，以提醒现场人员疏散。

2. 机械应急手动控制

当防护区发生火情，而电磁瓶驱动阀未接到打开阀门信号或接到信号但不能自行打开时，手动关闭联动设备，然后打开紧急启动箱，取出拉环并拉动，即可打开电磁瓶驱动阀，启动系统，释放灭火剂实施灭火。

五、火灾保护系统的停运与维护

（1）火灾保护系统除有检修计划或试验时，不得将其退出运行。

（2）如果需要将火灾保护系统退出运行，将火灾保护盘面板上"闭锁"开关打在投入位置。

（3）将火灾保护系统的初放隔离阀和续放隔离阀全部关闭。

六、火灾保护系统运行中监视与调整

（1）检查工作现场无火灾隐患。

（2）检查就地消防设施齐全，符合要求。

（3）检查火灾保护盘正常，无报警。

（4）检查灭火系统设备正常，CO_2 气瓶压力为 15MPa。

七、火灾保护系统的异常处理

1. 预报警（FIRE PRE-ALARM）

（1）当 ZONE 1 中任何一个火灾探头动作，无其他动作，控制系统会发出："ONE LOOP ACTUATED ZONE 1""FIRE PRE-ALARM ZONE 1"两条报警，若机组当时正常运行，对机组无影响；若机组当时停运，则禁止机组启动。

（2）其他区域报警与（1）相似。

2. 火灾报警（FIRE ALARM ZONE 1）

（1）若在一个 AREA 内的两个环都动作，则系统会发出火灾报警，机组响应如下（以 ZONE 1 区为例）：

1）声光组合报警器 XA 060 及 XA 061 动作，发出声光报警。

2）报警闪光灯 XL 065 及 XL 066 动作，发出闪光报警。

3）机组跳闸，燃料截止阀关闭。

4）1min 内 MCC 所有通风电动机停运（88BT-1、88BT-2、88VG-1、88VG-2、88TK-1、88TK-2 等）。

5）30s 后，电磁阀 FY151 和 FY152 带电，使驱动气瓶 101QA、102QA 排气，同时带动助动筒动作使 103QA～112QA 气瓶排气。后续排放气瓶 115QA～159QA 同时由操作气瓶带动排气。

6）火灾保护柜发出"CO_2 RELEASED IN ZONE 1"报警。

7）1min 后，初放气瓶 101QA～112QA 排放完毕。

8）40min 后，后续气瓶 115QA～159QA 排放完毕。

（2）其他区域报警与（1）相似。

3. 手动释放操作（以 ZONE 1 区为例）

手动释放拉板，无延时释放 CO_2。

（1）若火灾保护投运：

1）压力开关 PSH199 动作，发出"CO_2 RELEASED IN ZONE 1"报警。

2）燃气轮机跳闸，燃料截止阀关闭。

3）燃气轮机 MCC 所有风机自动停运，若运行的是手动风机，则需手动停运。

4）声光组合报警器 XA 060 及 XA 061 动作，发出声光报警。

5）报警闪光灯 XL 065 及 XL 066 动作，发出闪光报警。

（2）若火灾保护未投运：

1）燃气轮机需手动跳闸。

2）燃气轮机 MCC 所有风机需手动停运。

3）CO_2 释放时无报警。

（3）其他区域动作与上述（1）（2）相似。

第十三节　冷　却　水　系　统

一、闭式冷却水系统设备规范

闭式冷却水系统设备规范见表 7-16。

表 7-16　　　　　　　　　　　闭式冷却水系统设备规范

序号	代号	名称	功能及参数
1	VTR1-1	冷油器温控阀	自动控制润滑油温度
2	WTTL-1，2	透平支撑冷却水温度热电阻	测量透平支撑腿冷却水温度
3	28FD	火焰探测器	8 个
4		水质	除盐水
5		流量（标准状态，m^3/h）	410
6		压力（MPa）	0.6
7		设计温度（℃）	39
8		电导率（$\mu S/cm$）	≤0.3
9		二氧化硅（$\mu g/L$）	≤20
10		硬度（$\mu mol/L$）	0
11		发电机空气冷却器设计流量（t/h）	260

二、冷却水系统启动前检查

冷却水系统启动前检查项目如下：

（1）查有关工作票已终结，现场整洁、无杂物。

（2）联系热机专业，确认冷却水系统已经投入运行。

（3）冷却水系统检查项目见表 7-17。

表 7-17　　　　　　　　　　　冷却水系统检查项目

序号	设备名称	检查项目	要求状态	注
1	火焰探测器	火焰探测器冷却水进口阀	打开	
		火焰探测器冷却水出口阀	打开	
		火焰探测器冷却水放气阀	关闭	
2	透平支撑冷却水排气阀	透平支撑冷却水左侧排气阀	关闭	
		透平支撑冷却水右侧排气阀	关闭	
3	发电机空气冷却器	进口隔离阀（4 个）	打开	
		出口隔离阀（4 个）	打开	
		进出口联络阀 HV410	关闭	
		排水阀（8 个）	关闭	
		排气阀（8 个）	关闭	

续表

序号	设备名称	检查项目	要求状态	注
4	润滑油冷却器	投运状况	一组备用, 一组运行	
		润滑油冷却端进口手动阀	运行组打开, 备用组关闭	
		润滑油冷却端出口手动阀	运行组打开, 备用组关闭	
		润滑油冷却器温度调节阀	定值正确	

三、冷却水系统的启动

（1）启动冷却水泵电动机并确认电动机的转向正确。

（2）打开放气阀，放空系统内的空气。

（3）手动运行冷却水系统来放空系统内的空气，直到系统有连续的水流流出。

（4）在运行冷却水系统前必须保证热机专业循环水系统已投运。

（5）检查定压补水装置正常。

（6）系统运行一段时间后应检查冷却水系统的滤网没有堵塞，压差处于正常范围。

（7）记录时间、温度、压力以及一切相关信息，为将来系统的维护做记录。

四、冷却水系统的停运与维护

（1）必须满足燃气轮机处于零转速状态，且燃气轮机停机时间达到燃气轮机停盘车所需时间，并且燃气轮机"COOLDOWN"模式选择了"OFF"模式时，燃气轮机冷却水系统停运。

（2）冷却水系统停运后，运行人员需至现场检查冷却水系统管路、设备、阀门、仪表都处于正常状态。

（3）燃气轮机长时间停运时，要将冷却水系统中水放光。

五、冷却水系统运行中监视与调整

（1）检查冷却水管道阀门位置正确，无跑、冒、滴、漏现象。

（2）检查定压补水装置正常。

（3）检查冷却水泵进、出口压力正常。

（4）检查内冷却水进水、回水温度正常，温差无明显增大。

（5）检查润滑油温度正常，温差无明显增大。

（6）检查发电机冷却水进水、回水温度正常，温差无明显增大。

（7）检查冷却水泵运行无异常声音，无过热现象，振动正常，电流应不大于额定电流。

第十四节　气体燃料系统

一、气体燃料系统设备规范

气体燃料系统设备规范见表 7-18。

表 7-18　　　　　　　　　气体燃料系统设备规范

序号	代号	名称	功能及参数
1	FG-1	入口滤网	初期使用
2	63GQ-1	滤网压差开关	报警：50kPa
3	63FG-1/2	气体压力低开关	103kPa 动作，241kPa 复归
4	96FG-1	VSR 前压力变送器	4～20mA
5	96FG-2A/2B/2C	压力变送器	4～20mA
6	20VG-11	气体燃料排放电磁阀	125V DC/9W 吹扫
7	33VG-11	20VG-11 限位开关	
8	FT-GC-1A/1B FT-GC-2A/2B	温度传感器	K 型热电偶
9	VSR-1	截止速比阀	电磁式伺服控制阀
10	20FGS-1	VSR-1 遮断电磁阀	125V DC/15.6W
11	90SR-1	VSR-1 伺服阀	
12	VH5-1	VSR-1 跳闸阀	
13	96SR-1/2	VSR-1 线性可变位置反馈传感器	
14	FH7-1	VSR-1 伺服阀液压油油滤	
15	VGC-1/2/3	气体燃料控制阀	电磁式伺服控制阀
16	20FGC-1/2/3	VGC-1/2/3 遮断电磁阀	125V DC/15.6W
17	65GC-1/2/3	VGC-1/2/3 伺服阀	
18	VH5-2/3/4	VGC-1/2/3 跳闸阀	
19	96GC-1/2/3/4/5/6	VGC-1/2/3 线性可变位置反馈传感器	
20	FH8-1/2/3	VGC-1/2/3 伺服阀液压油油滤	
21	96FG-4A/4B/4C	VGC-1 出口压力变送器	4～20mA
22	96FG-5A/5B/5C	VGC-2 出口压力变送器	4～20mA
23	96FG-6A/6B/6C	VGC-3 出口压力变送器	4～20mA
24	AH-3	液压油储能器	用于稳定液压油母管压力

二、气体燃料系统联锁规范

（1）天然气滤网压差开关 63GQ-1，报警值为 50kPa。

（2）气体压力低开关 63FG-1、63FG-2，103kPa 动作，241kPa 复归。

（3）天然气进气温度低 26FTGL，6.2℃动作，发启动令后打开放散阀 60s 后仍低则停机；点火前则禁止点火；点火后则报警。

（4）天然气进气温度高 26FTGH，57℃动作，发报警。

三、气体燃料系统启动前检查

（1）检查有关工作票已终结，调压站、前置模块、DLN 阀站阀位正常，现场整洁、无杂物。

（2）检查调压站，前置站各参数运行正常，天然气已送入 DLN 阀站之前。

（3）检查液压油系统运行正常，速比阀、控制阀动作正常。

（4）检查切断阀与放空阀动作可靠。

（5）检查 DLN 阀站，轮机间危险气体探测器正常。

四、气体燃料系统的启动

（1）燃气轮机启动过程中启动泄漏试验。

1）DLN1.0 启动泄漏试验开始条件：主保护 L4 为 1，前置进气截止阀打开后，速比阀前天然气压力 FPG1≥2.0626MPa，未选择离线水洗且未选择 off、crank、cooldown 模式，天然气温度不低，L14HT＝1（TNH≥8.4%），开始启动泄漏试验，L3GLT＝1，计时 170s，L3GLT＝0。

2）泄漏试验 A 段：速比阀、控制阀、排空阀 20VG-1 保持关闭状态，若 30s（K86GLT1）内速比阀前天然气压力 FPG2≤0.689MPa（K86GLTA，100psi），A 段检漏合格；若 30s 内 FPG2＞0.689MPa，则 A 段检漏失败，燃气轮机跳闸。

3）泄漏试验 B 段：A 段检漏完成后（L86GLT1＝1），控制阀、排空阀 20VG-1 保持关闭，速比阀打开 6s（K86GLT2），然后关闭，此时 FPG2 输入计数器 FPG2LATCH，若 10s（K86GLT3）内 FPG2＜0.935×FPG2LATCH，则 B 段检漏失败，燃气轮机跳闸；若 10s 内 FPG2≥0.935×FPG2LATCH，则 B 段检漏成功。20VG-1 失电打开排空阀，70s（K86GLT4）后，L86GLT4＝1，L3GLT＝0，气体燃料启机泄漏检测完成（L3GLTSU_TC），整个过程共计 116s，延时 3s，L3GLTSUTC_AC＝1，发"启动泄漏试验完成"报警。

（2）燃气轮机启动过程中，程序自动控制速比阀、控制阀开度。当燃气轮机达到点火转速时，天然气速比阀打开，天然气流量基准 FSR 升至点火值 19.8% 左右，天然气控制阀动作。30s 内至少一区有两个或两个以上火焰探测器测得火焰信号，点火成功。

（3）点火成功后进入暖机程序，开始暖机 1min。

（4）暖机结束后，机组进入升速，VGC1 逐渐开大，直至机组并网。

（5）机组升负荷过程中，要注意燃烧模式的切换。

1）从机组点火到 TTRF1 达到 899℃（1650℉）之前都是"PRIMARY"模式，VGC-

1 打开，VGC-2、VGC-3 保持关闭，燃料全部进入一区，并在一区燃烧，A、B、C、D 4 个有火焰，E、F、G、H 4 个无火焰。清吹启动，20PG-3、20PG-4 失电 VA13-3、VA13-4 打开，20VG-3 失电关闭。

2）当 TTRF1 升至 899℃（1650°F）后，燃气轮机负荷在 50～60MW 间时，DLN 模式由 "PRIMARY" 切换到 "LL_POS" 模式，此时，VGC-1 打开、VGC-2 逐渐打开，VGC-3 保持关闭，燃料同时进入一区和二区，并同时在一区和二区燃烧，A、B、C、D、E、F、G、H 均有火焰。清吹启动，VA13-3、VA13-4 打开，20VG-3 保持失电关闭。密切注意二区 4 个火焰的火焰强度，在 "START UP" 画面会同时显示 8 个火焰。如果切换时火焰出现闪烁，应迅速将负荷设定点进一步提高，并观察火焰的情况。

3）当燃烧温度基准 TTRF1 升至 1077℃（1970°F）时，燃气轮机负荷在 80～90MW 间，DLN 模式由 "LL_POS" 切换到 "PM-SS" 模式。首先清吹退出，VA13-3、VA13-4 关闭，20VG-3 带电打开；然后 VGC-3 逐渐打开，VGC-2 保持打开，VGC-1 逐渐关闭，直到完全关闭，此时燃料通过 VGC-2、VGC-3 全部进入二区，并在二区燃烧，一区由于 VGC-1 完全关闭，没有燃料进入一区，一区火焰熄灭，画面只有 E、F、G、H 4 个火焰，这个过程就是 "SEC_XFER" 模式。

4）VGC-1 关闭 5s 后逐渐打开，VGC-2 逐渐关小至 1.3% 左右后再逐渐打开，VGC-3 逐渐关闭直到完全关闭，然后清吹启动，VA13-3、VA13-4 打开，20VG-3 失电关闭，这个过程就是 "PM_XFER"。"PM_XFER" 完成后就进入 "PM_SS"，大约 81% 的燃料通过 VGC-1 进入一区，19% 的燃料通过 VGC-2 进入二区，一区只发生混合，所有燃烧在二区进行，A、B、C、D 无火焰，E、F、G、H 有火焰，NO_x 和 CO 排放达到最佳。

5）若切换中出了燃烧故障等，一区会再点火，一区和二区都会有火焰，进入 "EXTENDED LEAN-LEAN MODE"，此时 NO_x 排放量很高。若要进入 "PREMIX STEAD-STATE"，采取降负荷回到 "LEAN-LEAN MODE"，再升负荷，使机组进入 "PREMIX STEAD-STATE"。当选择了 "LEAN-LEAN BASE" 后，机组也会进入 "EXTENDED LEAN-LEAN MODE"。此模式能运行，通常在调试时选择启动 "LEAN-LEAN BASE"。

五、气体燃料系统的停运与维护

（1）机组降负荷过程中，要注意燃烧模式的切换。

1）当 TTRF1 降至 1049℃/1920°F 时，燃气轮机负荷在 50～60MW 间，VGC-3 不动作，清吹保持投入，VGC-1 与 VGC-2 开度一致，正常发出点火指令（L3FXTV1 为 1→L3TVR→L2TVXR 为 1），一区再次点火，点火成功后火焰稳定，画面中 A、B、C、D、E、F、G、H 均有火焰，DLN 模式由 "PREMIX STEAD-STATE" 切换到 "LEAN-LEAN MODE"。

2）当 TTRF1 降至 885℃/1625°F 时，燃气轮机负荷在 30～40MW 间，VGC-3 不动作，清吹保持投入，VGC-2 关闭，所有燃料进入一区，二区熄火，画面中 A、B、C、D

有火焰，E、F、G、H 无火焰，DLN 模式由 "LEAN-LEAN MODE" 切换到 "PRIMA-RY MODE"，直到机组熄火。

（2）当燃气轮机转速降至 20% 左右时，燃气轮机熄火，速比阀、控制阀关闭。

（3）燃气轮机停机过程中有停机泄漏试验，但往往会被热控工程师屏蔽掉。

六、气体燃料系统运行中监视与调整

（1）机组正常运行过程中应注意监视燃气初温 TTRF1、叶轮间温度、排烟温度以及分散度的变化情况。

（2）检查机组速比阀、控制阀开度。

（3）检查机组清吹阀开启。

（4）检查机组燃烧模式、火焰强度。

（5）检查机组速比阀、控制阀阀间压力。

（6）检查阀站入口天然气压力、温度、流量。

（7）检查 DLN 阀站、轮机间危险气体探测器正常。

七、气体燃料系统的异常处理

（1）低氮燃烧故障跳闸信号 L4DLNT1。

1）L94FX1：60s 内二次切换燃烧模式未完成，跳闸。

2）L94FX2：60s 内一区再点火失败，跳闸。

3）L94FX3：恢复燃烧模式 60s 内一区再点火失败，跳闸。

4）L94FX4：120s 内预混切换燃烧模式未完成，跳闸。

（2）低氮燃烧故障跳闸信号 L4DLNT2。

1）L86GSVT：分配阀（GSV）反馈和控制基准值相差 5%，延时 10s 跳闸。

2）L86GTVT：切换阀（TSV）反馈和控制基准值相差 5%，延时 10s 跳闸。

（3）低氮燃烧故障自动停机信号 L94GSDWX，以下三个条件同时满足，并延迟 10s 后将执行自动停机程序。

1）实际负荷大约为 69MW。

2）一次燃料分配阀开度大于 70%。

3）在燃烧一区探测到火焰。

（4）清吹故障自动降负荷信号 L86PGVL：在完成 "贫-贫模式" 向 "预混模式" 切换时如果清吹阀延时 40s 打开故障，并给出报警 L30PGTOF_ALM、L86PGVL_ALM，触发 L94DLN、L70LX10 控制系统自动降负荷，降至一次燃烧模式时，燃气轮机自动降负荷指令解除。

（5）燃烧一区再点火。

1）一区正常再点火 L3FXTV1（正常降负荷时）：在预混模式（包含预混切换、预混

稳定模式）下，L4＝1，L14HS＝1，一区无火，当 TTRF1＜1076℃时，延时 3s 一区再点火。

2）DLN1.0 高分散度再点火、清吹故障再点火 L3FXTV2，满足下列条件之一时，燃气轮机一区再点火：

a. 一区无火时，清吹阀关闭失败；

b. 一区无火时，90s 内离不开预混切换模式（L83FXP1＝1 延时 90sL30FXP1A＝1）；

c. 在预混模式下（包含预混切换、预混稳定模式），TTXSP1＞TTXSPL 或 TTXSP3＞TTXSPL，且 TTXSP2＞TTXSPL，这种情况下一区再点火时间限制为 10s。

（6）基本贫-贫模式再点火 L3FXTV4，满足下列条件之一时，燃气轮机一区再点火：

1）二区有火，一区无火，如果 L5FXL3＝1 燃气轮机基本贫-贫模式选择，一区再点火；

2）在预混模式下（包含预混切换模式、预混稳定模式），如果一区有火，且不在贫-贫模式（包含正贫-贫模式、负贫-贫模式）、一次模式下，一区再点火。

（7）二次负荷恢复模式再点火。

1）当 L83FXS3＝1 时，即燃气轮机选择二次负荷恢复模式时，一区再点火。

2）当 L4＝1、L14HS＝1、二区有火、一区无火，且满足下列条件之一时，一区再点火。

a. 燃气轮机选择二次负荷切换模式：

b. 燃气轮机解列或者发生外部跳闸。

c. TTRF1 突降至 1048℃ 以下。

d. DLN 模式缺失。

e. 离不开二次切换模式报警（30s 内离不开二次切换模式）。

f. VGC-3 未跟随报警（设定值与反馈值相差 3％延时 3s）。

g. 清吹阀关闭失败。

a）有关阀命令且位置开关均已到关位，但是阀间压力高延时 5s；

b）有关阀命令延时 15s，位置开关未到位。

八、温度对燃气轮机性能的影响

（1）天然气进入调压站进行过滤、计量、增压、冷却、稳压后进入前置模块，经过再过滤器、计量，进入 DLN 阀站，最后引入燃气轮机燃烧室。气体经过增压设备升压后，其温度也相应升高。

（2）再考虑燃气轮机设备的相关温度要求，可以在满足正常运行许可的条件下，提高天然气温度，提高单位燃料的热值，减少燃气轮机的单位功率天然气耗量，从而提高效益，而且采用这种方法投入少，回报快，可以推广使用。

（3）在二、三级出口减温器手动减温阀处增加一个气动温控阀，二、三级出口减温器气动减温阀的开度以一级进口天然气温度为反馈；一级出口减温器手动减温阀处增加一处气动减温阀，一级出口减温器气动减温阀的开度以一级出口减温器出口天然气温度为反馈。通过手动减温阀粗调天然气温度，通过气动减温阀微调天然气温度，以确保不发生超温报警。运行值班人员可在集控室 DCS 界面进行操作，调节天然气出口温度。

（4）通过理论及实际调整天然气温度均表明，在一定范围内，天然气温度越高，燃气轮机的出力越高，气耗越低。

（5）目前只能手动调整天然气温度，因此能做的试验数据有限，且目前数据拟合修正曲线还不够精确。后期技改实施，将完成天然气温度对燃气轮机气耗的修正曲线，寻找对燃气轮机经济性最好的天然气温度。

九、燃气轮机 DLN 燃烧模式转换程序解析

对 DLN_MODE_GAS 的程序进行解析，燃烧模式共分为 8 种模式，如图 7-11、表 7-19 所示。DLN_MODE_GAS 为机组燃烧模式用于显示的变量。

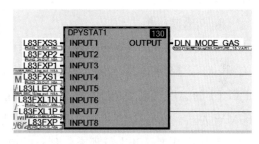

图 7-11　燃烧模式

表 7-19　燃烧模式转换程序解析

燃烧模式序列号	模式称谓（英文）	模式称谓（中文）	模式逻辑名	简称（英文）
模式 1	SECONDARY LOAD RECOVERY MODE	二级负荷恢复模式	L83FXS3	SEC_REC
模式 2	PREMIX STEADY STATE MODE	预混稳定模式	L83FXP2	PM_SS
模式 3	Premix Transient Mode	预混转换模式	L83FXP1	PM_XFER
模式 4	SECONDARY TRANSFER MODE	二级转换模式	L83FXS1	SEC_XFER
模式 5	EXTENDED LEAN-LEAN MODE	扩散贫-贫模式	L83LLEXT	EXT_LL
模式 6	LEAN-LEAN MODE NEGATIVE UNLOAD TO DROP OUT	贫-贫模式负	L83FXL1N	LL_NEG
模式 7	LEAN-LEAN MODE POSITIVE PERMISSIVE TO LOAD	贫-贫模式正	L83FXL1P	LL_POS
模式 8	PRIMARY MODE	初始模式	L83FXP	PRIMARY

在机组正常启停过程中，通过燃烧模式的切换，保证其在低负荷期间的燃烧稳定，及高负荷（基本负荷）运行时 DLN 排放值满足环保要求。同时，在发生异常燃烧状态下，机组控制系统及时发现并发出"警告信息"，同时保证机组相对负荷稳定。

（一）启机过程中的燃烧模式的切换

通过对 8 种燃烧模式进行转换程序解析可知道，机组在正常启动加载状态下，分别经历 5 种燃烧状态，并在一定条件下完成相互间的切换，其过程和步骤具体如下：

1. 初始燃烧模式

机组开机点火后，其燃烧模式为初始燃烧模式 8，在此燃烧模式下，只有 CV1 为打开状态，火焰只在一区燃烧；清吹阀一直保持打开状态。随机组并网后，负荷和燃料不断增加，当 TTRF1 高于 1650°F［(1650－32)×5/9＝899℃］后，退出初始燃烧模式。此时机组出力约在 50MW 左右。

2. 贫-贫正燃烧模式

当 TTRF1 高于 1650°F 后，则进入贫-贫正燃烧模式，CV2 打开，二区火焰建立，CV1/CV2 通过燃料分解器进行，CV1 减小/CV2 打开并快速开启到位。一区、二区同时存在火焰。

3. 二级转换模式

当 TTRF1 高于 1970°F 后，其他条件正常（L69FXSX）且发出命令并确认清吹阀已关闭，CV3 控制正常，控制基准被许可，预充 6s 以上时，进入二级切换模式，此时 TTRF1 的温度可能约在 2005°F 左右（正常加载状态下，时间滞后 12s），机组负荷为 80MW 左右。在正常情况下，机组加负荷其 TTRF1 高于 1970°F，两个清吹阀关闭后，CV3 开始小开度打开进行预充，预充结束后，进入二级转换模式：CV1 和 CV3 在燃料分解器的作用下，CV1 渐渐关闭至全关位，至全关位，一区火焰消失；CV3 随之快速打开，原 CV1 的燃料供应由 CV3 取代，保持在切换期间，机组出力不会出现大的波动，此时只在二区有火；其二级转换模式应在 30s 内结束（正常时间为 20s 左右），否则触发报警。

4. 预混转换模式

在二级转换模式完成后，确认 CV1 开度小于 3%，二区有火焰、一区无火焰，TTRF1 超过 1970°F，确认两清吹阀在关闭状态，CV3 控制正常，则延时 5s 进入预混转换模式；此时 TTRF1 约为 2013°F，机组出力约为 80MW。CV1 和 CV3 在燃料分解器的作用下，CV1 迅速打开；CV3 随之逐渐关闭，原 CV3 的燃料供应由 CV1 取代，保持在切换期间，机组出力不会出现大的波动；CV3 完全关闭后，经几秒延时后，清吹阀再次打开，对管道进行冷却清吹；在此期间因 DLN 燃料配比的作用，CV2（幅度较大）与 CV3 同时关小，以尽快达到配比要求（CV2/CV3 的燃料同为二区），当 CV3 关小到一定程度，CV2 将会再次开大，以维持配比要求；温度高于 1995°F 且 CV1 打开到位，再 0.5s 后（L3FXPM1），退出预混转换模式，准备进入预混稳定模式。

5. 预混稳定模式

预混转换模式完成，确认 CV1 已完全开到位且 TTRF1 高于 1995°F 后延时 1s，二区有火焰、一区无火焰，二级转换模式未选中，则进入预混稳定模式，此时 TTRF1 约为 2015°F，机组出力约为 83MW；在此状态下，燃料按配比常数 FXKSPM 的要求分别由 CV1 和 CV2 提供，CV3 将继续关闭至完全关闭状态，CV3 完全关闭后，命令两清吹阀至打开状态。

（二）停机过程中 4 种燃烧状态切换

停机过程则分别经历 4 种燃烧状态，并在一定条件下完成相互间的切换，具体情况如下：

1. 预混稳定模式

机组在高负荷情况下运行时，为 DLN 预混稳定模式运行；此时只在二区有火。

2. 贫-贫负模式

当机组减载，燃料渐渐减小，TTRF1 小于 L26FXL2［1970°F（1995°F－25°F）］经 3s 延时后，将一区重新点火（L3TVR），燃烧模式切回至贫-贫负模式；此时一区、二区均有火焰，机组负荷约为 78MW。其存在时间较短，约为 90s。切换瞬间，VC2 及 CV1 阀位根据燃料配比的改变，开度有瞬时变化（CV1 减小，CV2 开大）。

3. 贫-贫正模式

当机组进一步减载，燃料供应逐渐减小，TTRF1 低于 1920°F（1970°F－50°F）时，燃烧模式切回至贫-贫正模式。机组负荷约为 70MW。

4. 初始燃烧模式

当机组进一步减载，燃料供应逐渐减小，至 TTRF1 低于 1625°F（1650°F－25°F）L26FXL1 时，CV2 瞬时关闭，燃烧模式切回至初始燃烧模式。二区火焰熄灭，只在一区有火焰；此时为扩散燃烧状态，烟气氮氧化物指标较高。此种燃烧模式直到机组熄火停机。

（三）燃气轮机异常燃烧模式介绍

1. 二级负荷恢复模式

在机组正常运行时，出现甩负荷等异常状态下，则直接进入二级负荷恢复模式；对 1 区进行重新点火。一区火焰重新建立，可以保证机组燃烧的稳定性，同时尽快恢复机组出力，维持机组稳定。

2. 贫-贫扩散燃烧模式

扩散燃烧是一种不正常的燃烧状态，在一区有火焰，且 TTRF1 大于 2005°F 时才可能进入此种燃烧状态。在贫-贫扩散燃烧模式下，CV1/CV2 打开，一区、二区都有火焰，与贫-贫正负两个模式相一致，只是其 TTRF1 温度在 2005°F 以上。一般来说有以下三个途径进入此异常模式：

（1）控制面板点击选择了贫-贫基本模式或出现燃烧故障，分散度大的情况；或者使用快速启动方式则会进入贫-贫扩散模式。

（2）关闭清吹阀失败；若清吹阀关闭，阀间仍有压力（高于 340kPa）；或其位置不正确，则为信号为 1，可能进入贫-贫扩散模式。

（3）预混切换过程中出现问题或故障时，如选中预混转换模式，TTRF1 温度高于 1970°F，其切换方向闭锁解除后，或者选择贫-贫基本模式及清吹阀位置不正常、二区火焰消失等不正常情况出现则进入贫-贫扩散模式。

第十五节　调压站和前置站系统

一、调压站和前置站系统设备规范

调压站和前置站系统设备规范见表 7-20。

表 7-20　　　　　　　　调压站和前置站系统设备规范

序号	代号	名称	功能及参数
1	101/102 FI	过滤分离器	两台一用一备，分离过滤天然气中微小颗粒和液滴
2	63GSD-1	差压开关	55kPa
3	63GSD-2	差压开关	55kPa
4	350/351 FI	滤网	$3\mu m$
5	PCV350/351	压力调节阀	800kPa
6	FSV351	入口紧急切断阀	
7	33VS4-1	限位开关	动合
8	33VS4-2	限位开关	动断
9	20VS4-1	电磁阀	125VDC/11.2W
10	FSV352	气动放散阀	
11	33PS-1	限位开关	动合
12	33PS-2	限位开关	动断
13	20PS-1	电磁阀	125V DC/11.2W
14	71GS1-1	磁性液位开关	220mm
15	71GS1-3	磁性液位开关	220mm
16	71GS1-2A	磁性液位开关	200mm
17	71GS1-2B	磁性液位开关	300mm
18	71GS2-1	磁性液位开关	220mm
19	71GS2-3	磁性液位开关	220mm
20	71GS2-2A	磁性液位开关	300mm
21	71GS2-2B	磁性液位开关	200mm
22	FTG-1/2/3	温度传感器	K 型热电偶

二、调压站和前置站系统联锁规范

（1）调压站过滤单元过滤器下部高液位报警：280mm，打开排污阀，60s 后自动关闭，120s 后报警。

（2）调压站过滤单元过滤器下部低液位报警：80mm，关闭排污阀。

（3）调压站过滤单元过滤器上部高高液位报警：320mm，打开排污阀。

（4）调压站过滤单元过滤器出入口差压信号：55kPa，DCS（分散控制系统）报警，提醒更换滤芯。

（5）调压站燃气探测器泄漏检测：浓度 25%，DCS 报警。

（6）前置站过滤单元过滤器出入口差压信号：55kPa，DCS（分散控制系统）报警，提醒更换滤芯。

三、调压站和前置站系统启动前检查

（1）查有关工作票已终结，现场整洁、无杂物。

（2）检查系统仪用压缩空气压力正常。

（3）检查系统管道、阀门状态正常，各表计正常投入。

（4）用皂液检查管路的法兰连接和螺纹连接的密封性完好。

（5）确认调压单元监视调压器、工作调压器压力设定正常。

（6）检查确认调压站和前置站过滤单元过滤器一路投入运行，一路正常备用。

（7）检查确认调压站和前置站加热单元投入运行。

（8）在整个系统投入运行前必须对其进行检查，以确定所有的部件及其附件根据工作情况的需要都已被正确、牢固地安装在调压站中。尤其需要注意以下几点：

1）目视检查燃气路的支撑、安装水平度等。

2）气动连接部分。

3）电路连接部分。

4）所有附件是否已正确地安装到站中，如压力表、堵头、垫片等。

5）电器部分的保护是否可靠，如接地状况是否良好，防爆隔离栅是否完整等。

6）所有的截断阀都处于关闭位置。

四、调压站和前置站系统的启动

（1）调压站和前置站系统在新投入运行时或所有检修工作结束后，运行人员需要对设备进行恢复备用或试用，需首先用氮气将空气置换出去，然后对设备进行天然气置换，以防止形成爆炸性混合气体。

1）氮气置换步骤如下：

a. 检查该部分的阀门状态；

b. 通过打开放气阀对系统泄压；

c. 将氮气连接至氮气置换接口；

d. 将氮气置换压力设置在 200kPa；

e. 打开氮气置换隔断球阀，使管线中的压力升至 160kPa；

f. 部分开启放散阀，从放散点处取样；

g. 持续氮气置换过程，当放空气体中的甲烷体积浓度低于 1% 时，吹扫合格；

h. 如果放散样气中的氧含量符合要求，关闭 N2 隔离阀和放散阀，拆掉氮气源。

2）天然气置换步骤如下：

a. 检查要升压的系统的阀门状态；

b. 确认上游管路的系统已在充压状态；

c. 打开该部分入口隔断球阀的旁路球阀，管线中升压速度不要超过 300kPa/min；

d. 观察该部分压力表上的压力。若压力不再升高，先开隔断阀门，再关旁路阀门；

e. 打开该部分的入口隔断球阀。

f. 部分开启放散阀，从放散点处取样；

g. 如果放散样气中的氧含量符合要求，关闭放散阀。

h. 在过滤器充压时，两台过滤器都要充压。然后只投入一台，另一台备用过滤器充压后将入口主隔断球阀关闭，以待随时启动。

（2）检查确认天然气管路畅通，无天然气泄漏。

（3）检查确认各附件投入运行，指示正常。

（4）检查确认天然气压力、温度符合要求。

五、调压站和前置站系统的停运与维护

（1）当燃气轮机停运后，前置站快速切断阀关闭，前置站加热器视机组停机时间决定是否退出运行，调压站和前置站其他阀门状态维持不变。

（2）天然气调压站和前置站部分系统需要停用检修时，要注意以下事项：

1）确认系统可以停运。

2）关闭进口球阀，关闭旁路阀。

3）关闭截止阀。

（3）天然气调压站和前置站部分系统需要停用检修时，要进行氮气置换操作。

（4）调压单元的维护。

1）日常检查调压器及附属设备的运行情况，检查中如发现异常情况，应立即调查分析原因，进行妥善处理；

2）定期检查并建立定期检修制度，要定期拆卸清洗调压器、指挥器、排气阀的内腔及阀口；擦洗阀杆和研磨已磨损的阀口；更换已疲劳失效的弹簧；吹洗指挥器的信号管；疏通通气孔；更换变形的传动零件，加油润滑；最后组装好调压器。检修完的调压器应按规定的关闭压力值进行调试，以保证调压器自动关闭严密。投入运行后，调压器出口压力波动范围不超过规定的数值为检修合格。

（5）过滤器的维护。

1）对过滤器上的压差计进行读数记录，如果压差计黑色指针与设定位置上的红色指针重合，或红色指针已被带动至超过设定位置，说明滤芯堵塞，应及时更换。

2）定期给过滤器放水，打开过滤器底部的球阀，放出过滤器中的水直至放出燃气为止，关闭球阀。应带一橡胶管套在球阀出口，将水放在一水桶内，然后倒在下水道中。

（6）调压站的维修、维护期限。调压站的维护、维修期限视具体情况而定，它通常与下列因素有关：

1）所输送燃气的品种与成分。

2）所输送燃气的清洁度。

3）调压站前管道的状态及清洁度。

4）日常使用与维护的情况。

5）对调压站的可靠性要求。

6）作为一般参考可暂定如下。

a. 日常维护应经常进行。

b. 过滤器排污放水至少1月1次。

c. 阀的开启灵活性检查至少1～2月1次。

d. 性能检查至少每6个月1次。

e. 大修约4年1次。

（7）调压站的维修。调压站的维修分为故障维修及定期维修。定期维修是分通路进行的，可以在不中断供气的情况下进行。定期维修的时间间隔需视具体情况而确定，它与下列因素有关。

1）所输送燃气的性质。

2）调压器前管道（包括调压站前）的状态和清洁度。

3）对调压站的可靠性要求。

4）调压站大修时需：

a. 更换调压器、紧急切断阀和放散阀中的全部非金属件。

b. 清洁各组件的内壁和内部零件。

c. 检查各零件的磨损及变形情况，必要时更换之。

d. 更换损坏的零件。

e. 检查各组件及管道外壁的油漆涂层，如剥落严重应予除锈补漆。

f. 各法兰连接一旦拆开就应更换其间的密封垫片。

（8）各组件的维修。

1）若维修主调压路零、部件，组件，则首先切换至副（备用）路工作；若维修副（备用）路上零、部件，组件，则在主路正常工作的情况下关闭副路。

2）利用泄放阀放出该管路内的气体。

3）关闭该路上的压力表前的截断阀。

4）维修调压器时可不必将调压器从管路上拆下，分解调压器前应先拆掉引压管。

5）球阀、针阀及仪表若有损坏应予更换。

6）若球阀或蝶阀需维修时，需关闭其前后管路上的开关阀，打开管路上的排放球阀将通路中的燃气放空。关闭球阀或蝶阀，将其从管道中拆下。之后，按照相应的阀门维护手册进行维修。

六、调压站和前置站系统运行中监视与调整

（1）调压站和前置站系统运行中应注意监视天然气进出口压力、温度、流量。

（2）注意监视加热器运行正常，如水温、水量。

（3）检查确认天然气管路畅通，无天然气泄漏报警。

（4）一台过滤器运行，一台备用。过滤器滤网压差正常，液位指示器无报警。

（5）经常和定期对调压站和前置站进行观察，注意噪声大小，是否有燃气味，有无漏气声，如有则进行检漏，注意有无故障发生，螺纹连接是否松动。

（6）对各表计进行检查，对进、出口压力表，温度表，差压表进行读数、纪录、零位检查，如发现表计读数异常，应检查表计零位，并判定表计是否发生故障；如表计损坏，则更换表计。

（7）供气通道的检查。

1）根据各调压单元支路紧急切断阀控制部位上手柄的位置，结合压力表读数判定各调压支路是否在正常供气。

2）任一调压单元支路紧急切断阀切断时，都应先将该路进、出口截断阀关闭，然后通过泄放阀排尽该调压单元支路中气体，才能对调压器进行在线维修。

3）此时，应将备用调压单元支路的调压器和切断阀的设定压力调整为上述待维修的调压单元支路的设定值。待该调压单元支路维修好后再将备用调压单元支路的调压器和切断阀的设定压力设定为原有值。

4）若所有调压单元支路上的紧急切断阀都已关闭，说明调压单元已停止供气。

5）若有任何一路紧急切断阀关闭，应报请对调压站进行检修。

七、调压站和前置站系统的定期工作

1. 排污操作

（1）当出现下列情况时，操作人员必须立即到现场检查处理：

1）差压高限报警，此时需要及时更换滤芯，不过在这之前要切换过滤器。

2）过滤器高高液位报警，此时应立即到现场检查处理排污。

（2）运行人员日常巡检时应定期排污，避免异常发生。

2. 过滤器切换

（1）最初一台过滤器运行，一台备用。当运行中的过滤器差压值达到 55kPa 时提醒运行人员检查更换滤芯，运行人员应将备用过滤器投入工作，然后切断原工作过滤器，并通知检修更换滤芯。

（2）打开备用过滤器进口及出口隔离主球阀，将其投入运行；

（3）将原工作过滤器的进口、出口主球阀关上，将过滤器与系统隔绝。

注意：该进口、出口主隔离阀和进口旁路球阀一定要处在关紧状态并锁紧。

（4）投入所有仪表。

第十六节　燃气轮机水洗系统

一、水洗原因及目的

1. 压气机部分

（1）燃气轮机做功将热能变换为电能其介质是大气，就是说燃气轮机是首先将空气加压然后加热使其成为高温高压的气体来推动燃气轮机的透平做功输出电能的，那么燃气轮机所使用的空气源自大气，虽然在这部分空气进入机组以前经过滤器可将其可能含有的污物、灰尘、沙子、碳氢化合物烟物、昆虫和盐分等大部分或者99%滤去，但是其对于某些灰尘颗粒尺寸在5μm以下时则滤清效果就不是那么好。

（2）据研究表明存在于空气中易形成积垢的燃烧产物颗粒尺寸为0.001~5μm，因此总有或多或少的灰尘进入机组，而且如果机组运行时间长压气机进口处轴承密封失效，润滑油烟雾也可能进入机组，那么这些进入机组的物质经过长时间的积累慢慢地会在压气机叶片表面沉积下来，逐步影响压气机的效率，从而降低机组出力和热效率，更为关键的是会使机组的运行线接近喘振边界，即喘振裕度减小，恶化机组运行的可靠性，这是因为压气机叶片积垢后就改变了叶片的气动性能，具体表现为通道面积变小，升力系数减小，阻力系数增大，导致压气机的流量、压比和效率下降，其性能曲线也会发生变化。如图7-12所示，这时等转速线下移，性能明显恶化。由于喘振边界下移，对燃气轮机的

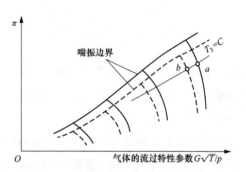

图7-12　单轴恒速燃气轮机工况点的变化

π—压气机压比；G—空气流量；T—温度；p—压强

注：在同样的 T_3 下，压气机叶片积垢后的工况点由未积垢时的 a 点移动到 b 点，流量和压比降低，这时压气机的效率也降低了。

启动工况以及带动变速负载时的加载过程都有影响。

（3）对于启动工况就可能在启动过程中出现热挂现象。加载过程由于喘振的限制只能减慢加载过程。总之，压气机积垢后机组的安全性以及经济性都受到严重的影响。根据相关理论，如果压气机有5%的空气气流量被阻塞，则压比下降5.5%，燃气轮机功率下降13%，热耗率上升6%，因此，在压气机有明显效率下降后，要对压气机进行水洗。

2. 透平部分

（1）燃气轮机如果燃用气体燃料，透平叶片一般不会产生积垢现象；如果燃用液体燃料，特别是燃用重质燃料（如重油、渣油等），那么透平叶片往往会产生积垢现象，当燃

用重质燃料且其品质较差而且处理不好时，积垢现象就可能特别严重。透平积垢后，气流状况变差，透平的效率降低，其次是流道面积减小，阻力变大，其性能曲线变化下图所示。

（2）机组运行点因透平积垢靠向喘振边界，而压气机叶片积垢使喘振边界下移，喘振边界靠向运行点，两者积垢后对机组发生喘振的裕度减小的结果是一样的。因此，透平积垢对机组加载过程和启动过程的影响与压气机是类似的。

（3）一般情况下，压气机性能对叶片的积垢敏感要强于透平性能对叶片积垢的敏感。

如图 7-13 所示，透平积垢后，由于透平阻力增加，运行点由 a 点移至 b 点，压比升高，运行点靠近喘振边界。这时，机组的出力和效率也要下降，但出力由于压比升高而得到一定的弥补，下降可能较小。

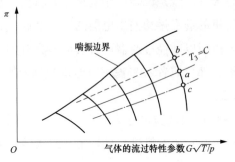

图 7-13 透平叶片积垢或磨损后
对燃气轮机运行点的影响

二、水洗方式

水洗的方式从水洗介质来分有湿洗和干洗两种。

（一）湿洗

湿洗就是通过使用符合要求的除盐水再加入部分专用洗涤剂对机组进行水洗，主要用于去除压气机叶片上的油性和黏性、水溶性的物质以及透平上由于添加抑钒剂（重油燃料下）产生的积垢。

（二）干洗

干洗是使用某些固体清洗剂（如核桃壳）来对压气机出现的干性沉积物进行清洗。由于使用干洗对压气机叶片的磨损会有所增加，所以根据国内机组积垢的情况来看，一般采用湿洗方式。

湿洗方式又分为在线水洗与离线水洗两种。

1. 在线水洗

在线水洗就是机组不停机状态下对压气机进行清洗，它的优点燃气轮机不用停运，可以减少水洗时机组停运带来的经济损失，但是这种方式不如离线水洗效果好，只能作为离线水洗的补充而不能替代它。

2. 离线水洗

离线水洗指机组在停机状态下对压气机进行清洗，清洗效果好。

三、水洗系统

1. 水洗站部件

（1）水洗罐 111BA：外加保温棉，容积 7.5m^3。

（2）加药罐 101BA：容积 400L。

（3）两个加热器 23WK-1，2（111RE，112RE）：400V-50Hz-54kW，通过装在水洗罐内部的热电偶 26TW-1（TSLH164）来启动和停运。

（4）温度开关 26TW-1（TSLH164）/26TW-2（TSLH163）：选择离线水洗方式下，26TW-1 监测到水洗罐内水温低于 78℃时投运加热器，高于 85℃时停运加热器；选择在线水洗方式下，26TW-2 监测到水洗罐内水温低于 18℃时投运加热器，高于 24℃时停运加热器。

（5）水洗罐液位计 LG161：液位计中设用低水位 71TW-L（LSL162），当出现水位低信号时将会停运水洗泵及加热器，以保护水洗泵。

（6）水洗泵入口压力开关 PSH171：当水洗泵入口压力低于－13kPa 时，延时 15s 压力开关 PSH171 动作，停运水洗泵及加热器，以保护水洗泵。

（7）水洗泵出口压力开关 PSL173：当水洗泵入口压力低于 700kPa 时，延时 15s 压力开关 PSL173 动作，停运水洗泵及加热器，以保护水洗泵。

（8）水洗泵 88WW-1（121PO）：400VAC-50Hz-2940r/min-30kW，出口压力为 770kPa，离线水洗过程中当 MARK-VIe 发出水洗允许信号（L4BW1X 为"1"）时，就地投运水洗泵，其保护信号主要有水洗罐液位低信号（LG161），水洗泵入/出口压力低信号（PSH171/PSL173）。

（9）水洗泵泵前 Y 形过滤器：粗滤，过滤大的杂质。

（10）水洗罐温度指示计（TI165）：范围 0～120℃。

（11）水洗泵出口压力表（PI172）：范围 0～1.6MPa；

（12）加药罐出口节流孔板（103DI）：ϕ10，流量为 3.27m³/h。

2. 机组本体水洗部件

（1）压气机水洗离线电磁阀及其按钮：20TW-1/43TW-1。

（2）压气机在线水洗电磁阀：20TW-3。

四、离线水洗操作规定

（1）水品质要求：

1）必须为化学除盐水，其不可溶固体物含量应小于 100mg/L；

2）水中钠与钾的总含量应小于 25mg/L；

3）水的酸碱度 pH 值应在 6.5～7.5 之间；

4）水温在 82℃左右；

5）水洗水温度与燃气轮机轮间最高温度之差要求在 67℃以下。

（2）燃气轮机要求：

1）燃气轮机运行一段时间后，因压气机叶片、透平叶片脏污、积垢，导致燃气轮机运行性能下降。表现在燃气轮机出力的下降、热耗率的增加。当燃气轮机出力下降 8％左右后，为恢复燃气轮机运行性能，提高燃气轮机出力及降低燃料气耗，需对燃气轮机压气机、透平进行离线水洗。

2）离线水洗燃气轮机，要求燃气轮机轮间温度最高值应低于65℃；

3）对燃气轮机进行冷拖加速冷却后，要求燃气轮机冷拖结束后保持燃气轮机低速盘车至少30min，燃气轮机轮间温度最高值不得反弹至149℃以上；

4）进行燃气轮机离线水洗，要求环境温度高于4℃，当环境温度在4℃以下时，不应进行燃气轮机离线水洗。

（3）水洗前准备工作：

1）在停机前10h，给水洗罐加满合格的除盐水；

2）在停机前8h，在燃气轮机水洗撬控制电源盘上投入水洗罐加热器；

3）在燃气轮机停机前，打印记录一次完整的燃气轮机满负荷的运行参数，以备与水洗后运行参数进行比较，判定水洗效果；

4）燃气轮机正常停机后，如果要求强制冷却水洗，则应对燃气轮机进行冷拖操作。冷拖时机应在燃气轮机轮间最高温度低于260℃为宜。一般情况在燃气轮机停机2.5h后，其轮间温度大致会降到此数值，如果是自然冷却水洗，则不需冷拖；

5）冷拖结束后，燃气轮机轮间温度与水洗水温差符合手册要求后，则对燃气轮机进行相关的阀位操作，以满足水洗要求；

6）在一切都操作完毕后，可对燃气轮机进行水洗操作。

（4）燃气轮机离线水洗操作步骤：

1）燃气轮机停机后盘车已正常投入，待燃气轮机自然冷却2h左右后燃气轮机轮间最高温度低于260℃时，进行燃气轮机冷脱。

2）确认透平间和辅机间所有舱门处于关闭状态，手动启动透平框架冷却风机88TK-1、88TK-2，在"Control"→"Start up"页面"Mode Select"栏里点击"Crank"键，再在"Master Control"栏里点击"Start"键启动燃气轮机高盘进行冷拖。根据现行运行规程冷拖分多次进行，每次高盘冷拖40min后，停止高盘冷拖20min，再进行下一次高盘冷拖40min，再停止高盘冷拖20min，直到燃气轮机轮间最高温度降至149℃以下。在冷拖过程中注意监视燃气轮机启动电动机88CR绕组温度，该温度最高不能超过121℃，一般以不超过110℃为宜，否则发停机令，停止高速盘车，待此温度下降后再重新启机冷拖。

3）待燃气轮机冷拖将燃气轮机轮间最高温度降至149℃后，停止冷拖，让燃气轮机在低速盘车状态下盘车30min，确认燃气轮机轮间最高温度降至149℃以下，且不再反弹。

4）进行水洗阀门操作。

5）确认水洗罐水温达到78~85℃，并退出水洗罐加热器电源。

6）打开燃气轮机水洗管路预热排放阀，启动燃气轮机水洗泵，利用红外线测温仪测量排放阀排出的水温，当水温在80℃以上时，停运水洗泵，关闭水洗管路预热排放阀。

7）在燃气轮机 MARK-VIe 画面"AUX"工具栏"Off Line WW"画面内点击"Off

Line Water Wash"中的"Enable",弹出确认对话框,点击"OK",选择燃气轮机离线水洗模式。

8)在"Control"→"Start up"页面"Mode Select"栏里点击"Crank"键,再在"Master Control"栏里点击"Start"键启动燃气轮机高盘。当燃气轮机转速达14HM后,IGV角度将会开大至84°。

9)待盘车转速稳定后,确认IGV角度已开至最大角度。打开燃气轮机压气机水洗电动门,启动燃气轮机水洗泵对压气机进行灌水冲洗(流量为3.5m³/h),灌水冲洗15min后,停运燃气轮机水洗泵。

10)停运燃气轮机,低盘浸泡20min。

11)再次将燃气轮机投入到水洗模式、投入高盘,待高盘转速稳定后并确认IGV全开。此时开始对压气机加注清洗药剂,每次水洗使用清洗药剂25L。待药液加入后,需到现场观察VA17-1阀是否有药液排出,待有药液排出后停运水洗泵,将燃气轮机投入到低盘模式进行药液浸泡40min。

12)再次将燃气轮机投入到水洗模式,投入高盘,打开压气机进水电动门,启动水洗泵,清水冲洗燃气轮机压气机30min,待观察到启动失败排放阀VA17-1处有清澈的水流出后,停运水洗泵。

13)进行甩干阀门操作,阀门操作完成后,将燃气轮机投入到水洗模式,投入高盘进行甩干,在各排放口观察到没有水流出后,可以停止高盘甩干,将燃气轮机投入到低盘模式。

14)燃气轮机进入低盘20min后,开始执行深度甩干程序。

15)进行水洗阀门恢复操作。

16)将88TK-1、88TK-2的电源开关投入到自动位置。

17)断开水洗模块的电源。

18)烘干操作在机组启动并网前执行。燃气轮机按照正常启机方式启动至空载满速时,保持在空载满速运行20min,再并网带负荷。

(5)水洗完毕后,要求燃气轮机在24h内应该带至空载满速进行烘干20min以上。

(6)如果停机条件允许,可让检修人员对机组实施孔探,以检查水洗效果。

五、燃气轮机在线水洗规定

1. 燃气轮机在线水洗的要求

(1)压气机在线清洗时进口温度必须高于10℃。

(2)压气机在线清洗时进口导叶IGV应在全开位置。

(3)由于在线水洗时,洗涤没有浸泡时间,一般采用不含洗涤剂的除盐水。

(4)进气加热系统运行时不能进行在线水洗,不可为了满足此限制强制关闭进气加热,水洗时不管任何原因需要打开进气加热系统,水洗必须暂停。

（5）对于 DLN 机组，水洗在贫-贫或预混燃烧模式进行。

（6）在线水洗可能会使燃烧室的火焰探测器镜片上产生水雾，从而导致燃气轮机熄火保护动作跳机，而且还会增加压气机的压比，并减少喘振裕度。

2. 燃气轮机在线水洗压气机操作步骤

（1）确认燃气轮机处正常运行工况，IGV 角度全开 $86°$，若燃气轮机在 BASE LOAD 下运行，应将燃气轮机预选负荷设定值设定至至当时负荷的 95% 负荷，并选择预选负荷运行。

（2）当燃气轮机负荷降至上述预选负荷并稳定运行后，在"Aux"→"Washing on"页面"Washing On line"栏里点击"Start"键，燃气轮机将进入在线水清洗压气机程序。

（3）立即打开燃气轮机在线水洗进水电动阀 20TW-3 前手动截止阀，并现场确认燃气轮机在线水洗电动阀已处于完全打开状态。

（4）投入水洗撬体电源，在水洗撬体电源箱上按"Wash On"按钮，启动水洗泵，在线水洗开始，并控制在线水洗入水流量保持在 $2.3m^3/h$。

（5）清洗 $10\sim15min$ 后，注意记录清洗后燃气轮机的出力变化情况及 CPD 的变化情况。

（6）记录完上述运行参数后，停运燃气轮机水洗泵。

（7）在"Aux"→"Washing on"页面"Washing On line"栏里点击"Stop"键，燃气轮机将退出在线水清洗压气机程序，并确认燃气轮机在线水洗程序退出，现场检查确认燃气轮机在线水洗电动阀 20TW-3 已处完全关闭状态。

（8）若在燃气轮机在线水洗前已降负荷，则此时应升燃气轮机负荷至 BASE LOAD 运行，稳定运行后，记录一次较完整的燃气轮机运行参数，以便与水洗前的参数进行比较，判定在线水洗效果。

第十七节　进排气系统

一、燃气轮机进气系统设备规范

燃气轮机进气系统设备规范见表 7-21。

表 7-21　　　　　　　　　　燃气轮机进气系统设备规范

序号	代号	名称	功能及参数
1		进气滤网	460 组
2		喷管	460 个
3		设计气流量	$330.1m^3/s$（ISO 工况下）
4		风道内流速	$20m/s$
5	63TF-2A/2B	进气道差压开关	2.2947kPa

续表

序号	代号	名称	功能及参数
6	96TF-1	进气滤网压差变送器	1.3999kPa
7	96CS-3	进气道压差变送器	消声器后
8	63CA-1	进气滤网进气反吹压力低开关	550kPa
9	27TF-1	进气滤网总报警发出	
10	96RH	露点温度变送器	

二、燃气轮机进排气系统联锁规范

（1）96TF-1＞1.3999kPa，延时 2s MARK VIe 发"L63THH_ALM 进气滤网压差高"报警，需手动投空滤反吹；当空滤压差小于 0.45kPa 时，停空滤反吹。

（2）当 96CS-3＞1.743kPa，L63TF-2a、L63TF-2b 三取二，延时 2s MARK VIe 发"L63TFH_ALM 进气滤网压差高"报警，同时触发 L94AX，燃气轮机自动降负荷。

（3）当 L63TF-2ah 或 L63TF-2bh 动作，96CS-3＞1.743kPa，L63TF-2a、L63TF-2b 任何两个不动作，延时 60s MARK VIe 发"L63TFH_SENSR 进气滤网压差开"故障。

（4）当 96CS-3＞1.9927kPa，触发 L63CS2CH 为"1"延时 1s MARK VIe 发"L63CS2CH_ALM 进气滤网压差高"报警。

（5）当 96CS-3＜1.9927kPa 时，触发 L63CS2CH 为"0"，L63CS2AHH 或 L63CS2BHH 动作，延时 60s 发"进气滤网压差开关故障"报警。

（6）当 96CS-3＞2.192kPa 时，触发 L63CS2CHH 为"1"，L63CS2CHH、L63CS2AHH 和 L63CS2BHH 三取二 MARK VIe 发"L63CSH_ALM 进气滤网压差高跳机"报警（只发报警不跳机）。

（7）96EP-1≥3.985kPa 或 L63eah 动作，MARK VIe 发"L63EAH_ALM 排烟道压力高"报警。

（8）L63et1h、L63et2h 和 L63ea 三取二动作，延时 1s MARK VIe 发 L63ETH_ALM 排烟道压力高跳闸报警，燃气轮机跳闸。

（9）L63et1h、L63et2h 和 L63eah 中，L63et1h 或 L63et2h 动作且 L63eah 不动作，延时 60s MARK VIe 发"排烟压力开关故障"报警；L63et1h 或 L63et2h 不动作且 L63eah 动作，延时 60s MARK VIe 发"排烟压力开关故障"报警。

（10）进气滤网进气反吹压力低开关 63CA-1：动作压力为 550kPa。

三、燃气轮机进气系统启动前检查

（1）查有关工作票已终结，现场整洁、无杂物。

（2）检查进气室滤网无破损及堵塞。

（3）检查空滤进气系统各表计、监测装置完整、齐全，投入正常。

（4）检查进气道人孔门关闭。

（5）检查进气室内无杂质，进气管道及连接的管路无破损并清理干净。

（6）检查在线及离线反吹装置备用正常。

四、燃气轮机进气系统的启动

（1）燃气轮机启动后，进气系统投入工作。

（2）燃气轮机并网后，进气加热控制阀先打开后关闭。

（3）空滤反吹系统可根据要求投入或者退出。

（4）记录时间、温度、压力以及一切相关信息，为将来系统的维护做记录。

五、燃气轮机进气系统的停运与维护

（1）燃气轮机进气系统的停运必须满足燃气轮机处于停机状态。

（2）燃气轮机停机后，要视情况决定是否投入燃气轮机进气反吹系统。

（3）燃气轮机在运行一定时间后，视滤网压差情况更换滤网。

六、燃气轮机进气系统运行中监视与调整

（1）检查空滤进气系统各表计、监测装置完整、齐全，投入正常。

（2）检查进气道人孔门关闭。

（3）检查进气加热控制阀阀位处于正常状态。

（4）检查进气反吹系统正常，空滤反吹电源投入正常。

（5）检查进气系统压力正常，滤网压差正常。

（6）当遇到雨雪天气时，要注意监视进气道滤网压差。

七、燃气轮机进气系统定期切换

（1）燃气轮机的性能和运行可靠性，与进入机组的空气质量和清洁程度有密切的关系。因此为了保证机组高效率地可靠运行，必须配置良好的进气系统，对进入机组的空气进行过滤，去除其中的杂质。一个好的进气系统，应能在各种温度，湿度和污染的环境中，改善进入机组的空气质量，确保机组高效率可靠地运行。

（2）空滤进气系统在正常运行中应密切监视进气滤芯的压差在允许范围内，并定期投入在线或离线反吹系统。在运行一定时间后视滤网压差情况更换滤网。

第十八节　压 缩 空 气 系 统

一、压缩空气系统设备规范

压缩空气系统设备规范见表 7-22。

表 7-22 压缩空气系统设备规范

序号	代号	名称	功能及参数
1		要求标准状态下压缩空气流量	$0.5m^3/h$
2		要求压缩空气压力	$0.6\sim0.8MPa$
3	63CA-1	反吹空气管路压力低开关	500kPa
4		燃气轮机压缩空气缓冲罐	1000L
5		空气压缩机	37kW-400V-50Hz-2960r/min

二、压缩空气系统联锁规范

(1) 空气压缩机:轴承温度为 65℃时发轴承温度高报警,线圈温度为 105℃时发线圈温度高报警。

(2) 空气压缩机出口母管排气压力:550kPa,DCS 报警、联启备用空气压缩机。

(3) 干燥器出口母管压力:600kPa 低报,800kPa 高报。

(4) 反吹空气管路压力低开关 63CA-1:动作压力为 550kPa。

三、压缩空气系统启动前检查

(1) 有关工作票已终结,现场整洁、无杂物。

(2) 检查空气压缩机油位正常,电气系统正常。

(3) 检查压缩空气系统阀位正常。

四、压缩空气系统的启动

(1) 联系热机专业,确认空气压缩机已经投入运行。

(2) 打开进气加热控制阀控制气源。

(3) 检查确认进气加热控制阀阀位处于关闭状态。

(4) 打开进气反吹系统管路阀门,确保沿线畅通。

(5) 系统运行一段时间后检查进气反吹系统的滤网没有堵塞,压差处于正常范围。

(6) 检查确认反吹空气管路压力低开关未动作。

(7) 当压气机进气道空滤压差大于 0.55kPa 时,投空滤反吹;当空滤压差小于 0.45kPa 时,停空滤反吹。

(8) 记录时间、温度、压力以及一切相关信息,为将来系统的维护做记录。

五、压缩空气系统的停运与维护

(1) 压缩空气系统的停运必须满足燃气轮机处于停机状态,且进气反吹系统无须投入运行,则停用燃气轮机部分压缩空气系统。

(2) 压缩空气系统停运后,运行人员需至现场检查压缩空气系统管路、设备、阀门、仪表都处于正常状态。

（3）冬天运行时，防止压缩空气系统中带水结冰要加强压缩空气系统排污。

六、压缩空气系统运行中监视与调整

（1）检查压缩空气系统管道阀门位置正确，无跑、冒、滴、漏现象。

（2）检查空气压缩机出口母管压力正常。

（3）检查燃气轮机压缩空气缓冲罐压力正常，压缩空气干燥、无水分。

（4）检查进气加热控制阀阀位处于正常状态。

（5）检查进气反吹系统正常，空滤反吹电源投入正常。

（6）检查压缩空气系统管路、设备、阀门、仪表都处于正常状态。

七、压缩空气系统定期切换

（1）压缩空气系统中空气压缩机需要进行定期切换。

（2）空气压缩机定期切换时间按照设备定期工作、试验与切换制度执行。

第十九节 控 制 系 统

一、Mark VIe 控制系统的概述

Mark VIe 控制系统是 GE 公司的重要控制系统，Mark VIe 控制设备适用于多种控制和保护的应用场合，其中包括蒸汽和燃气涡轮机以及电厂配套设施（BOP）等，具有高速，单、双、三重冗余的网络 I/O 等特点。

I/O、控制器，以及到操作员站、维护站和第三方系统的监控接口，均使用了工业标准以太网通信技术。Mark VIe 控制系统的容量和处理能力和以前相比大大提高。其控制器卡上的 CPU 最高配置已达 PIII 800MHz。操作员站和工程师站的操作系统为 WIN7 英文版操作系统。网络信息交换是客户端-服务器结构。因此，如果 Mark VIe 控制系统控制燃气轮机正常运行至少要有一台服务器在运行。

Mark VIe 控制系统的编程软件为 ToolboxST。它作为通用的软件平台，被用来进行编程、I/O 配置、形成趋势和分析诊断。它提供了控制器和厂级的好品质即时数据的单独来源，能有效地管理设备。控制设备为用户提供了更多的冗余选项，增加了系统的可维护性，并能够在 I/O 控制设备与受控设备之间建立更紧密的联系。本文通过对 Mark VIe 控制系统结构的分析，介绍了程序的主要结构、主要内容，维护人员应重点掌握的内容。

二、Mark VIe 控制系统的结构和所包含项目

控制器、I/O 包或模块、终端板、配电装置、机柜、网络、操作者接口以及保护模块构成了 Mark VIe 控制系统的体系结构。

根据进程的重要程度，每个控制程序对冗余都会有不同的要求。Mark VIe 为用户提

供了多种冗余选项，这些冗余机制可以任意组合，它们既可以通过本地方式，也可以通过远程方式安装。例如，冗余选项中包括：

（1）功率源和电源：单工、双工和三工。

（2）控制器（主处理器）：单工、双工和三工。

（3）I/O网络冗余：单工、双工和三工。

（4）每个终端板的I/O包：单工、双工和三工。

（5）以太网端口/I/O包：单工或双工。

控制系统结构如图7-14所示。

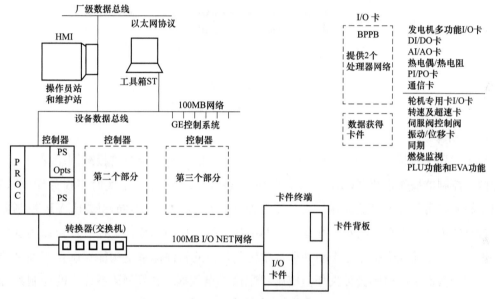

图7-14 控制系统结构图

控制系统包括三个主要的部件：控制器、I/O网络以及I/O模块，如图7-15所示。控制器是连续在线的，直接从IONet读取输入数据。双冗余系统将输入从双IONet上的一个或冗余I/O组件，传送到双控制器。输出被传送到一个输出I/O组件，它选择首个正常信号或表决信号。对于重要任务现场装置，能提供三个输出组件，对输出进行表决。可以为双冗余系统配置一个、两个或三个传感器，如果一个控制器或电源发生故障，它们的的双内网和控制器仍能让过程在线。也能实现三冗余系统，以避免具有软故障或部分故障的但继续工作的装置提供错误的信号和数据。这些系统通过对信号3选2的方式，来表决出错误的部件。所有三个控制器的应用软件，都根据信号的表决值运行，同时诊断程序识别出故障装置。这些复杂的经验诊断程序将平均修复时间（MTTR）降低到最低水平，同时在线修复能力将平均事故停机间隔时间（MTBFO）提高到最高水平。这些系统的现场传感器可以是一个、两个或三个。CompactPCI控制机架上的辅助处理器，能将应用软件分离，用于设备的不同部分。例如，在一个处理器上运行核心引擎控制，而在第二个处理器上运行辅助设备的控制。该方法能够分离多个处理器的应用软件，或增加计算能力。

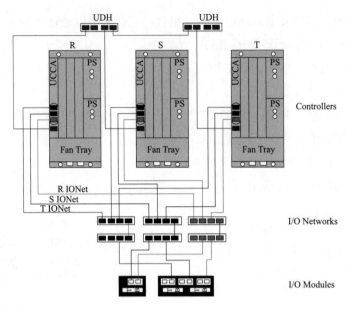

图 7-15 控制系统示意图

1. 控制器

Mark VIe 控制器是一个运行应用程序代码的单板。控制器通过板载网络接口与 I/O 包通信。控制器操作系统（OS）是 QNX Neutrino，该系统是一个实时多任务操作系统，适用于高速高可靠性的工业应用。与传统控制器 I/O 位于背板不同，Mark VIe 控制器一般不带有应用程序 I/O。此外，所有 I/O 网络都与每个控制器相连，控制器可以为这些网络提供所有冗余输入数据。这个硬件体系结构和相关的软件体系结构能够确保当控制器因为维护或维修而断电时不会丢失任何应用程序输入点数据。在 TMR 系统中的控制器分为 R、S、T 型。R 型和 S 型在双重系统中，而 T 型在单一的系统中。每个控制器都有一个 I/O 网络（在 Mark VIe 中，I/O 网络称为 IONet）。R 型控制器通过 R 型 IONet 把输出信号发送到 I/O 模块，S 型控制器通过 S 型 IONet 发送输出信号，T 型控制器通过 T 型 IO-Net 发送输出信号。在正常操作过程中，每个控制器都从所有网络的 I/O 模块接收输入信号，选择表决 TMR 输入，执行应用程序运算（包括选择尚未表决的传感器），把输出发送到自己网络的 I/O 模块，最后在控制器之间发送数据实现同步化，这个过程所用的时间称为"帧"。控制器如图 7-16 所示。

图 7-16 控 制 器

2. I/O 模块

Mark VIe I/O 模块带有三个基本部件：终端板（见图 7-17）、终端块（见图 7-18）以及 I/O 包（见图 7-19）。终端板安装在机柜上，它分 S 型和 T 型两种基本类型。S 型板的每个 I/O 点都带有一套螺钉，单个 I/O 包即可设定信号条件并对信号进行数字化处理。这个电路板用于单工、双工以及专用三重模块冗余（TMR）输入，在使用过程中可能会使用一个、两个或三个电路板。T 型 TMR 板通常将输入扇出到 3 个独立的 I/O 包。一般情况下，T 型板硬件会对三个 I/O 包的输出进行表决。电源设备为每个 I/O 包提供了一个稳压的 28V 直流供电源。28V 直流电源的负极通过 I/O 包的金属外罩和安装底座接地，正极则带有置入 I/O 包中的固态电路保护装置，其跳变点额定电流为 2A。可以对设备进行联机维修，其操作方式是拆下 28V 直流连接器，更换 I/O 包，重新插入电源连接器并从软件维护工具上下载软件。

图 7-17　终端板实物图

图 7-18　终端块实物图

图 7-19　I/O 包实物图

3. I/O 网络

IONet 是一个专用的全双工式点到点协议，它带有确定性的高速 100MB 通信网络，可以用于单冗余、双冗余以及三冗余的配置。使用工业级交换机，满足规范、标准、性能和环境标准对工业应用的要求，包括 -40～85℃（-40～185℉）的工作温度和二类一级保护。具有距离远、噪声抑制、防雷击和抗接地干扰等特点，IONet 符合 IEEE 802.3《电气和电子工程协会标准集合》要求。它能提供 100BaseTx 和 100BaseFx（光纤），控制器在一端，网络交换机在中间，I/O 组件在另一端，形成星形拓扑结构。该网络适用于带有光纤接口的本地或者远程 I/O。它用于主处理器和网络化 I/O 块（称为 I/O 包）之间的通信。每个 I/O 包都安装在带有挡板或者盒式终端块的板上。I/O 包带有两个以太网端口、一个电源、一个本地处理器以及一个数据采集卡，如图 7-20 所示。控制系统添加了 I/O 包以后，在单冗余、双冗余或三冗余配置中的整体控制系统帧率可以达到 10ms，从而提升了计算能力。通常情况下，某些进程子系统要求的速度更快。因此，每个 I/O 包的本地处理器都会根据应用程序的需要以更快的速度进行运算。每个网络（红、蓝、黑）都是一个独立的 IP 子网。这些网络是全交换全双工模式，这样就可以避免在非交换以太网中可能出现的冲突。交换还在重要的数据扫描过程中提供了数据缓冲和流控制功能。网络中采纳了用于精确时钟同步化协议的 IEEE 1588《网络测量和控制系统的精密时钟同步协议标准》，以便对帧和时间、控制器以及 I/O 模块进行同步化处理。这种同步化为网络提供了高级的通信信号流控制功能。

图 7-20　I/O Net 结构组成示意图

三、Mark VIe 软件维护工具（ToolboxST）

Mark VIe 是个完全可编程的控制系统。工厂软件自动化工具，选择已被验证的 GE 公司控制和保护算法并将它们与每个应用的 I/O、顺序和显示器集成在一起，来负责维护应用软件。Mark VIe 软件维护工具提供了一般用途块、数学块、宏（用户块）和特定应用块等多种块程序库。

Mark VIe 软件维护工具使用多级别的密码保护，可以在系统运行时修改应用软件，并将软件下载到控制器，而不需要重新启动主处理器。在冗余控制系统中，因为每个控制器中的应用软件是一样的，所以维护人员面对的是同一个程序。控制系统自动将下载的修改后的软件发送到冗余控制器，诊断系统监视着控制器之间的任何差异，所有的应用软件都存储在控制器的非易失性存储器中。

应用软件按顺序运行，以功能块和梯形图格式显示动态数据。维护人员能够添加、删除或更改模拟环路、顺序、I/O 赋值和微调常数。为了简化编辑，可以在屏幕上把数据点从一个块选择、拖动或放下到另外一个块，也可以将点从应用软件图形拖到趋势图中去。其他特点包括布尔（数字）量强制、模拟量强制和以应用软件运行速率或帧速率生成趋势。应用软件文档是直接从原代码创建的，可以在现场编辑和打印，包括应用软件图、I/O 赋值、微调常数的设置等。该软件维护工具可以在 HMI 中使用，也可以作为独立的软件包在基于 Windows 的计算机上使用。

四、Mark VIe 故障诊断

每个模拟输入都带有上限/下限（硬件）检查功能。这些限制范围是不能更改的。所选的上限/下限应该超出正常操作范围，但是要在硬件线性操作范围之内（在硬件进入饱和区之前）。用户可以通过软件维护工具来访问用于硬件上下限检测的诊断消息和所有其他硬件诊断消息。数据库内有针对每个 I/O 包的综合诊断警报状态数据，此外还有显示所有模拟输入或者与该信号相关的通信的上限/下限（硬件）故障的数据。

控制器内的诊断和系统（进程）警报带有时间标记，这些报警会被发送到操作者那里和维护站中。与工厂 DCS 相连的通信同时具有软件（系统）诊断和综合硬件诊断信息。

与前文所述的模拟 I/O 包一样，此处的 I/O 包中也带有用于诊断的发光二极管。标准的发光二极管会显示电源状态、提醒用户注意的信号（检测到的非正常状态）、已经完成的以太网连接以及以太网连接的通信情况。在离散式 I/O 上的发光二极管还会显示每点的状态。所有电路板都带有一个电子识别号，其中包括电路板的名称、修订版本以及唯一的一个序列号。在 I/O 处理器加电以后，它会读出终端板、应用程序卡以及自身的识别号。接下来它会利用这些信息开始进行系统允许的诊断和系统资产管理。因为可以在远程设备上安装终端板，所以所有本地温度传感器会监控每个 I/O 包的温度。如果温度过高，就会发出警报消息。系统可以显示警报的状态和当前温度值，用户可以在应用程序软件中使用这些数据。

工厂级控制系统将从单个透平和发电机控制来的诊断数据与整个工厂的数据集成到一起，从而让维护人员能快速识别有缺陷的控制节点、交换机或站，并确定需要维修的设备。

以上只是简单介绍了 Mark VIe 的组成结构以及诊断。由于 Mark VIe 控制系统是专为控制燃气轮机而开发的，一些在工业上通用的 DCS 控制系统的功能块，在 Mark VIe 功能块库中没有，而是需要用一些简单的功能块组成一个特定功能的宏（Macro）来调用。编制程序相比较而言要烦琐一些。但 Mark VIe 的三冗余结构为燃气轮机控制提供了非常可靠的保证，可提供系统在线硬件维护功能。既三组相同的控制卡件在同时进行工作，通过 3 选 2 方式表决确定正确的输入输出信号，当一组控制卡件出现故障时，可把这组卡件停电维修，而系统正常运行，修复后再送电继续正常工作。

五、Mark Vie 主要控制系统介绍

（一）燃料控制

1. 燃料控制原理

燃气轮机控制系统设置了 6 种燃料控制系统，每一种控制系统对应输出一个燃料行程基准（Fuel Stroke Reference，FSR），6 个 FSR 进入最小选择门，选出 6 个 FSR 中最小值作为输出，此输出作为控制系统最终实时实际执行的 FSR 控制信号。因此，虽然任何时刻 6 个系统都有各自的输出，但只有一个控制系统的输出进入实际燃料控制系统。燃料行程基准见表 7-23。燃料控制原理见图 7-21。

表 7-23　　　　　　　　　　　　　燃 料 行 程 基 准

启动控制系统（Start Up Control）	启动控制燃料行程基准 FSRSU
转速控制系统（Speed Control）	转速控制燃料行程基准 FSRN
温度控制系统（Temperature Control）	温度控制燃料行程基准 FSRT

加速控制系统（Acceleration Control）	加速控制燃料行程基准 FSRACC
停机控制系统（Shut Down Control）	停机控制燃料行程基准 FSRSD
手动控制系统（Man Control）	手动控制燃料行程基准 FSRMAN

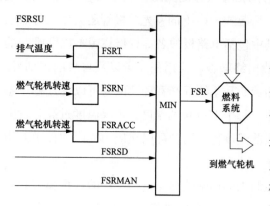

图 7-21　燃料控制原理图

2. 燃料控制 FSR 算法

（1）启动控制 FSR（FSRSU）。启动控制 FSRSU 仅控制燃气轮机从机组点火到启动程序完成过程中的燃料量（FSR）。启动控制过程是开环的，根据程序预先设定的一组逻辑信号来分段输出预先设置好的 FSRSU。主要有点火时的 FSRSU_FI，点火成功后，机组降到暖机值 FSRSU_WU，暖机期间 FSR 不变，但燃气轮机转速逐步上升，实际燃油量也在上升，暖机结束后，FSRSU 按预先设置的变化率 0.05%/s 斜升到加速最大值 25%，当燃气轮机并网后，它以 5%/s 速度快速升到最大值 100%。

（2）加速控制 FSR（FSRACC）。加速控制系统将燃气轮机转子实际转速信号 TNH 对时间求导，计算出转子角加速度 TNHA，若角加速度实际测定值大于给定值 TNHAR，则系统减少加速控制 FSR 值 FSRACC，从而减小燃气轮机实测角加速度，直到该值不大于给定值为止。若角加速度值小于给定值，则不断增大 FSRACC，迫使加速控制自动退出。加速控制仅限制转速增加的动态过程加速，对稳态和减速过程均不起作用。

因此，加速控制 FSR 具备的功能有：一是在燃气轮机突然甩负荷时，抑制动态超速，在燃气轮机甩负荷后的过程中，初期转速还没有上升太多，FSRN 减少也不多，但此时加速度却很大，这样 FSRACC 可能很小，从而抑制动态超速；二是在机组启动过程中可以限制燃气轮机的加速率，以减小热部件的热冲击。

在燃气轮机的启动过程中，燃气轮机的加速设定值 TNHAR 是随燃气轮机转速变化而从设定好的对照表中查出的不同的值，当燃气轮机启动程序完成后，TNHAR 由控制常数 TAKR1.0%/s 给定。加速控制 FSR 简单地表示为

$$FSRACC = FSR + [TNHAR - d(TNH)/dt] \times FSKACC2$$

式中　FSRACC——加速控制输出 FSR；

　　　FSR——燃气轮机实时控制输出 FSR（控制系统上一计算周期输出的燃料值）；

　　TNHAR——给定的允许最高加速限制值，随燃气轮机状态不同而不同；

　　　TNH——燃气轮机实测转速；

　FSRACC2——控制常数（典型值为 25.6%/%/s）。

（3）转速控制 FSR（FSRN）。转速控制是燃气轮机的一个很重要的控制，它的职能是当燃气轮机处空载满速时保持机组的转速稳定及机组并网后通过一定的斜率提高转速基

准值 TNR 来提高 FSRN，从而使机组功率上升，直到进入基本负荷，FSRN 退出控制；机组在降负荷时，通过降低 TNR，来降低 FSRN 使机组功率下降。其控制算法主要是转速基准 TNR 与燃气轮机转速 TNH 之差值乘以相应常数值，燃气轮机功率的升降实际是通过升降转速基准 TNR 来实现的。负荷升降的快慢是由 TNR 的斜率决定的。另外，在转速控制下，加入了功率反馈（DWATT×DWKGD），其中 DWKGD 为常数，也就是当燃气轮机处于部分负荷运行时，功率的波动会导致 FSRN 的改变，而 FSRN 的改变抑制功率波动，即

$$FSRN = FSR + [(TNR - DWATT \times DWKDG) - TNH] \times FSKNG \quad (7\text{-}3)$$

式中　FSRN——转速控制输出 FSR；

　　　　FSR——燃气轮机实时控制输出 FSR；

　　　　TNR——转速基准信号；

　　DWATT——燃气轮机功率；

　　DWKDG——控制常数（典型值为 0.035%/MW）；

　　　　TNH——燃气轮机实测转速；

　　FSKNG——控制常数（典型值为 10%/%）。

（4）温度控制 FSR（FSRT）。由于燃气轮机的热通道部件承受高温和机械应力的强度是有一定限度的，因此引入温度控制将燃气轮机透平的进气温度限制在一定的范围内，保证燃气轮机安全运行。温度控制系统的作用有在进入透平的燃气温度超过允许值时，发出信号去减少燃料流量，使燃气温度不超过允许值；在必要时（如需要投入尖峰负荷运行）可以逐渐提高温度限制，以适当提高功率；和超温保护系统一起工作，当温度值超过限制值时发出报警；无论机组以何种方式加载，一旦进入温度控制便会自动阻止加载。温度控制的具体算法如下，FSRT 温度控制是根据燃气轮机的排气温度 TTXM 与温控基准 TTRXB 的比较结果改变 FSRT，当排气温度超过温控基准时，去减小 FSRT，直到排气温度降到温控基准，当排气温度低于温控基准时增加 FSRT，当 TTXM 与 TTRXB 相等时，燃气轮机进入温控，达到基本负荷，即

$$FSRT = FSR + (TTRXB - TTXM) \times FSKTG \quad (7\text{-}4)$$

式中　FSRT——温度控制输出 FSR；

　　　　FSR——燃气轮机实时控制输出 FSR；

　　TTRXB——温度基准信号；

　　　TTXM——燃气轮机实测排烟温度；

　　FSKTG——控制常数（典型值：0.2%/°F）。

24 个排烟温度信号 TTXM 按照下列分组进入 R、S、T 三组控制器中，计算方法如下：

　　1、4、7、10、13、16、19、22→　〈R〉

　　2、5、8、11、14、17、20、23→　〈S〉

3、6、9、12、15、18、21、24→〈T〉

每个控制器又通过数据交换网络，得到其他两个控制器的温度信号：

首先，TTXDR、TTXDS、TTXDT 全部重新从高到低地排列出来 TTXD2_X；

其次，去除比 TTXD2_2 低 500℉ 的值；

然后，去除最高和最低值；

最后，余下的取平均值得到 TTXM。

温控基准 TTRX 如下：

等排气温度温控线，温控基准：TTKn_I＝常数。

压气机出口压力修正的温控线：TTRXP＝TTKn_I－偏置量×该温控线斜率。

FSR 或功率修增的温控线：TTRXS＝TTKn_I－偏置量×该温控线斜率。

三条温控线按最小值选择，通常 TTRXP 作为温控基准，TTRXS 作为后备基准，而 TTKn_1 仅在很高的温度下或者启动时可能被选出来。

注意：排烟温度 TTXM 随负荷增加而升高，通常在工况的最大功率附近进入温度控制。

（5）停机控制 FSR（FSRSD）。在燃气轮机停机过程中，按照一定的斜率降低 TNR，从而降低 FSRN，使机组功率按照预定的曲线下降，最后机组逆功率把出线开关断开，此时 L94SD 为 1，机组进入停机控制 FSRSD，FSRSD 从当时 FSR 开始，以速率 FSKSDn 下降，直到 FSRMIN。由于 FSRMIN 与转速有关，当转速下降到一定值后，FSRMIN 又变小，FSRSD 接着下降，直至机组熄火停机。

（6）手动控制 FSR（FSRMAN）。通常 FSRMAN 是 100%，由于 FSR 取小，不会介入控制，当需要人为控制时，可以输入目标值，FSRMAN 将按照 0.5%/s 速度达到目标值；另外 FSRMAN 有个预制软开关，可使 FSRMAN 从当前值直接预制到 FSR 的当前值。

（二）IGV 控制

IGV 的控制作用：部分转速时，如启停机关小 IGV，可以防止压气机喘振；部分负荷，关小压气机 IGV 减少排气量，维持高的排气温度，以提高联合循环效率。

IGV 基准 CSRGV 的算法由部分转速基准 CSRGVPS、温控基准 CSRGVTC 以及手动基准 CSRGVMAN 三者取小得到。

部分转速基准 CSRGVPS 是校正转速 TNHCOR 的函数。

温控基准 TXGVERR 是 IGV 的温控基准 TTRXGV 与排气温度的计算值 TTXM 比较，其差值作为积分斜率去积分输出 CSRGVTC。

六、Mark Vie 保护系统介绍

燃气轮机 Mark Vie 保护系统的作用是当关键参数超过临界值或控制设备故障时通过切断燃料流量遮断燃气轮机。控制系统设置了超温保护、超速保护、熄火保护、振动保

护、燃烧监测保护等保护系统。

燃气轮机的主要保护信号分为 6 大类：保护状态跳闸（L4PST）、点火前跳闸（L4PRET）、点火后跳闸（L4POST）、启动装置跳闸（L3SMT）、进口可转导叶控制故障跳闸（L4IGVT）、润滑油热电偶故障跳闸（L4LTTHT）。

保护系统是控制系统重要组成部分，其功能是：

（1）系统进入不正常状态时报警。

（2）系统进入危机状态时跳闸（遮断）。

（3）系统进入不太严重的危机状态时，使轮机正常停机（Shutdown），也报警。

需要注意的是，几乎所有的遮断都经由 L4——Master protection signal 主保护信号去执行，L4 由算法确定。从信息处理角度看算法确定 L4 逻辑均为逻辑运算，即

$$L4=(L4+L4S)\times L4T\times L94T$$

L4＝0 就是燃气轮机跳闸（遮断），是通过关闭气体燃料速比阀和控制阀起到保护燃气轮机作用。具体过程描述如下：

（一）通过关闭燃料截止阀执行跳闸

L4 经继电器驱动模块（硬件）驱动＜RST＞各自的线圈 4R、4S 和 4T。这些线圈驱动的同名触点组成了 2/3 硬件表决。结果经中间继电器 4X_1、4X_2、4X_3 串入下列电磁阀电路中：

20FG-1——气体燃料截止阀中继电磁阀（Gas Fuel Stop Valve Solenoid）。

当 L4＝0（2/3）时，20FG-1 电磁阀失电，气体燃料速比阀和控制阀的继动阀 VH5-1/VH5-2/VH5-3/VH5-4 失去油压，继动阀导通气体燃料速比阀和控制阀的液压油回油，截止阀和控制阀的油动机失去液压油支持，在弹簧的作用下迅速关闭，切断气体燃料供给。

（二）通过燃料基准为零执行跳闸（后备）

L4＝0，将使下列燃料基准到零：

（1）FSR。燃料冲程基准（Fuel Stroke Reference）

（2）FSRSU。FSR：启动控制（FSR：Startup Control）

（3）FRCROUT。气体燃料速比阀伺服命令（Fuel Gas Speed Ratio Servo Command）

（4）FSRG1OUT。初级气体控制阀伺服命令（Primary Gas Control Valve Servo Command）

（5）FSRG2OUT。二级气体控制阀伺服命令（Secondary Gas Control Valve Servo Command）

（6）FSRG3OUT。切换气体控制阀伺服命令（Transfer Gas Control Valve Servo Command）

（7）FPRG。气体燃料速比阀压力基准（Gas Ratio Valve Control Pressure Reference）

于是，这将导致：气体燃料速比阀全关；气体燃料控制阀全关。

（三）保护性正常停机

保护性正常停机较为简单，都经由 L94AX 执行。Automatic Shutdown 自动（正常）停机。

（1）L94AX＝L39VD2＋L94DLN＋L94GEN＋L94LTH＋L94CPD_ROC＋L94CPDL＋L45HGD_SD＋L94LTTH＋L94TC＋L94QB＋L48CR＋L94AX1＋L86NX。

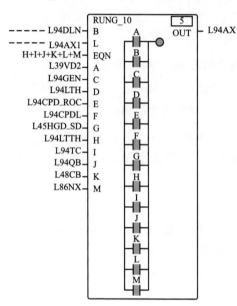

图 7-22　L94AX 逻辑控制

L94AX 逻辑控制如图 7-22 所示。

1）L94AX1。自动停机信号 1（Automatic shutdown 1）。

2）L94DLN。DLN 系统故障，自动停机（DLN System Trouble Auto Shutdown）。

3）L39VD2。振动测点全故障（Vibration Input Group Disable Logic）。

4）L94GEN。发电机通风故障（Generator Ventilation Trouble Shutdown）。

5）L94LTH。负荷间蜗壳温度高（Load Tunnel Temperature High Shutdown）。

6）L94CPD_ROC。CPD 变化率故障（CPD Rate of Change Fault-Initiate Shutdown）。

7）L94CPDL。启动期间 CPD 低（CPD Low During Startup-Initiate Shutdown）。

8）L45HGD_SD。危险气体检测含量高停机（Hazardous Gas Detection Shutdown）。

9）L94LTTH。润滑油母管温度 3 选 2 故障（Lube Oil Header Temperature Sensor Fault Shutdown）。

10）L94TC。液力变扭器故障（Starting Means Torque Converter Trouble）。

11）L94QB。顶轴油泵故障（Generator Lift Oil Pump Start Check）。

12）L48CR。盘不动大轴（Starting Means Shaft Failure To Break Turbine Away）。

13）L86NX。发电机 86N11 保护闭锁-正常停机（Auxiliary To L86n：Gen protective lockout：86N11-Normal Shutdown）。

（2）L94DLN＝L94GSDW＋L83FXP×L83PGVL×L83SCI_CMD。

L94DLN 逻辑控制如图 7-23 所示。

1）L94GSDW。燃烧保护自动停机闭锁时间延时（Combustor Protection Shutdown Lockout Time Delayed）。

L94GSD 逻辑控制如图 7-24 所示。

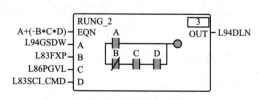

图 7-23　L94DLN 逻辑控制

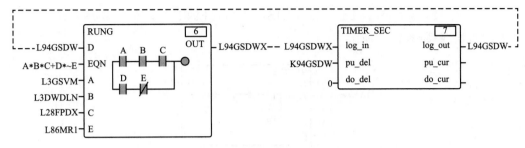

图 7-24　L94GSDW 逻辑控制

一区检测到火焰（L28FPDX 为 1），控制阀 fsg1 开度大于或等于 70%（L3GSVM＝1，高负荷下燃气超流量），负荷 DWATT 大于或等于 62.315MW（L3DWDNL＝1）。以上三个条件都满足时，L94GSDW＝1，燃气轮机发出自动停机命令。

2）L86PGVL。清吹阀打开故障-降负荷（DLN1 Fail To Open Xfer Purge Valve-Lower Load）。

初始燃烧模式 L83FXP＝0（未在此模式下），同期控制选择逻辑 L83SCI_CMD＝1，当清吹阀打开故障时（K30FGTOZ 计时 50s 后，两个清吹阀开位反馈信号 L33PGTO 仍为 0，L86PGVL＝1），L94DLN＝1，燃气轮机发出自动停机命令。

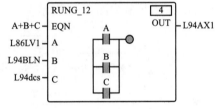

图 7-25　L94AX1 逻辑控制

（3）L94AX1＝L86VL1＋L94BLN＋L94dcs。

L94AX1 逻辑控制如图 7-25 所示。

1）L86LV1。失去电动机控制中心 MCC 电压-失去通风，自动停机（Loss Of MCC Voltage-Loss Of Ventilation SD）。

L86LV1 逻辑控制如图 7-26 所示。

图 7-26　L86LV1 逻辑控制

2）L94BLN。启动检查停机-蓄电池充电机故障（Startup Check Stop Battery Charger Trouble-SD）。

3）L94dcs。DCS 自动停燃气轮机信号（DCS Gas Turbine Shutdown）。

无论何种情况，当 L94AX＝1 时，将使正常停机 L94X＝1，导致执行正常停机程序。

（四）Master protection 主保护

Master protection signal 主保护信号

$$L4＝(L4＋L4S)\times L4T\times L94T$$

L4 逻辑控制如图 7-27 所示。

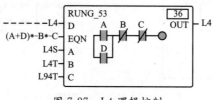

图 7-27 L4 逻辑控制

其中：L4S——主保护设置（Master Protective Signal）。

L4T——主保护跳闸（Master Protective Trip）。

L94T——热停机（Fire Shutdown）。

1. 主保护设置 L4S

燃气轮机具备启动条件（L3RS＝1）、润滑油母管压力开关没有动作（L63QT＝0）、辅助润滑油泵运行（L52qa＝1）、顶轴油泵运行（L52QB＝1）、顶轴油压力开关没有动作（L63qbll＝0），当发出"start"命令，待 L1X＝1 后，L4 为 1 并自保持。

L4S 逻辑控制如图 7-28 所示。

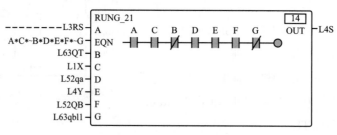

图 7-28 L4S 逻辑控制

L3RS——燃气轮机具备启动条件（Unit ready to start）。

燃气轮机分 L3STCK0、L3STCK1、L3STCK2、L3STCK3、L3STCK4 进行启动检查，当全部启动检查通过后，L3RS 为 1。

L3RS 逻辑控制如图 7-29 所示。

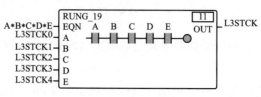

图 7-29 L3RS 逻辑控制

2. 主保护跳闸 L4T

（1）L4PST。燃气轮机正常运行跳闸信号。

（2）L4PRET。燃气轮机点火前跳闸信号。

（3）L4POST。燃气轮机点火后跳闸信号。

（4）L3SMT。启动装置故障跳闸。

（5）L4IGVT。IGV 控制故障跳闸。

（6）L4LTTH_T。润滑油母管油温测点全故障跳闸。

L4T 逻辑控制如图 7-30 所示。

3. 点火前跳闸信号 L4PRET

L4PRET 逻辑控制如图 7-31 所示。

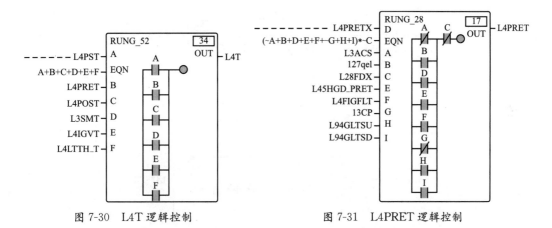

图 7-30　L4T 逻辑控制　　　　图 7-31　L4PRET 逻辑控制

（1）L3ACS。辅助检查（伺服）故障。

（2）L27qel。直流油泵低电压。

（3）L4PRETX。点火前 P2 压力高跳闸（L86FPG2IH 为 1→L4PRETX 为 1）。

（4）L45HGD_PRET。启动前可燃气体测探超标。

（5）L4FIGFLT。气体燃料点火失败。

（6）L3CP。用户允许跳闸。

（7）L94GLTSU。启动时气体泄漏试验失败。

（8）L94GLTSD。停机时气体泄漏试验失败。

4. 正常运行跳闸信号 L4PST

$$L4PST＝L4PSTX1×L4PSTX2×L4PSTX3×L4PSTX4×L4PSTX5$$

L4PS4 逻辑控制如图 7-32 所示。

（1）L4PSTX1。L4PSTX1 逻辑控制如图 7-33 所示。

1）L63QTX。润滑油压力低跳闸。

2）L45FTX。火灾保护动作跳闸。

3）L86GT。发电机差动保护跳闸。

4）L63ETH。排气压力高高跳闸。

（2）L4PSTX2。L4PSTX2 逻辑控制如图 7-34 所示。

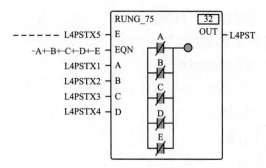

图 7-32　L4PST 逻辑控制

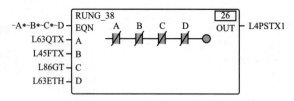

图 7-33　L4PSTX1 逻辑控制

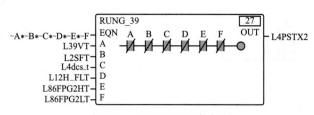

图 7-34　L4PSTX2 逻辑控制

1）L39VT。振动大跳闸。

2）L2SFT。启动燃料流量超限跳闸。

3）L4dcs_t。余热锅炉或汽轮机跳闸。

4）L12H_FLT。失去保护转速信号输入。

5）L86FPG2HT。P2 压力高跳闸。

6）L86FPG2LT。P2 压力低跳闸。

机组振动高跳闸分为 L39VT_GT（燃气轮机）、L39VT_GEN（发电机）两组，对任一组分为两种情况：①有一个探头达到跳闸值，并且有（该组探头数＋1）/2 及以上没有投入使用，则跳闸；②有一个探头达到跳闸值，并且该对探头的另一个探头达到报警或没有投入使用。

（3）L4PSTX3。L4PSTX3 逻辑控制如图 7-35 所示。

1）L12HF。失去控制转速信号。

2）L12HFD_P。保护转速输入故障。

3）L12HFD_C。控制转速输入故障。

4）L86GCVT。控制阀 GCV 未跟随跳闸。

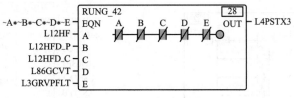

图 7-35　L4PSTX3 逻辑控制

5）L3GRVPFLT。速比阀未跟随跳闸。

（4）L4PSTX4。L4PSX4 逻辑控制如图 7-36 所示。

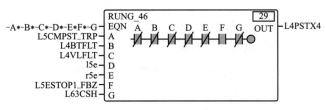

图 7-36　L4PSTX4 逻辑控制

1）L5CMPST_TRP。PPRO 复合跳闸。

2）L4BTFLT。轮机间失去通风风机跳闸。

3）L4VLFLT。DLN 气体小室失去通风风机跳闸。

4）l5e。就地紧急跳闸。

5）r5e。远控紧急跳闸。

6）L5ESTOP1_FBZ。4 回路状态-E 跳闸按钮-逆向。

7）L63CSH。压气机进气滤压差高高跳闸。

（5）L4PSTX5。L4PSTX5 逻辑控制如图 7-37 所示。

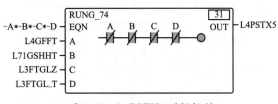

图 7-37　L4PSTX5 逻辑控制

1）L4GFFT。燃气流量低跳闸。

2）L71GSHHT。精过滤模块滤网处液位高高跳闸。

3）L3FTGLZ。启动期间燃气温度低延时 60s 跳闸。

4）L3FTGL_T。燃气温度低低跳闸。

5. 正常运行跳闸信号 L4POST

L4POSTX 逻辑控制如图 7-38 所示。L4POST 逻辑控制如图 7-39 所示。

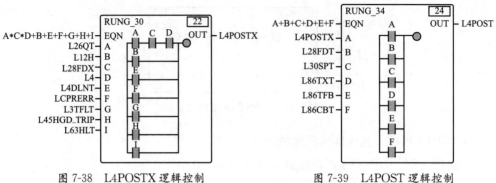

图 7-38　L4POSTX 逻辑控制　　　　　图 7-39　L4POST 逻辑控制

（1）L26QT。润滑油温度高跳闸。

（2）L4DLNT。DLNOX 系统故障跳闸。

（3）LCPRERR。压气机运行限制保护最大控制故障跳闸。

（4）L3TFLT。失去压气机出口压力基准。

（5）L45HGD_TRIP。燃气检测含量高跳闸。

（6）L63HLT。气体燃料控制（跳闸）油压力低跳闸。

（7）L28FDT。失去火焰跳闸。

（8）L30SPT。排气分散度高跳闸。

（9）L86TXT。排气温度高跳闸。

（10）L86TFB。排烟热电偶开路跳闸。

（11）L86CBT。防喘放气阀打开故障跳闸。

6. L94T——Fire Shutdown（热停机）

$$L94T = L94XZ + (L28FD \times L83RB) + L2CANT + L2RBT$$

L94T 逻辑控制如图 7-40 所示。

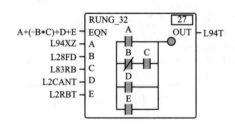

图 7-40　L94T 逻辑控制

（1）L94XZ——Fire Shutdown Timer 热停机计时器。

燃气轮机解列后开始计时，8min（K94XZ）后 L94T 为 1，燃气轮机跳闸。

L94XZ 逻辑控制如图 7-41 所示。

（2）L83RB——Ramp to Blowout Selected，排气斜率选择。

（3）L2CANT——Trip on Can flameout Timed out，任一火焰丢失计时跳闸。

燃气轮机正常停机到解列（L94SD＝1），任一火焰丢失计时 5s 后 L94T＝1，燃气轮机跳闸。

L28FPDA 逻辑控制如图 7-42 所示。

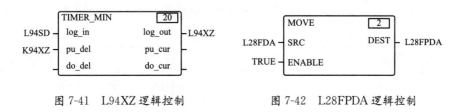

图 7-41 L94XZ 逻辑控制　　　　　图 7-42 L28FPDA 逻辑控制

L28FPD i(i＝A、B、C、D)＝L28FDi(i＝A、B、C、D)

L28FDFAP 逻辑控制如图 7-43 所示。

L28FDFiP(i＝A、B、C、D)＝(L28FPDi＋L28FDFiP)×L94SD×L4

L28CANPA 逻辑控制如图 7-44 所示。

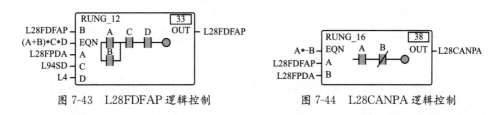

图 7-43 L28FDFAP 逻辑控制　　　　图 7-44 L28CANPA 逻辑控制

第 i 火焰通道丢失火焰

L28CANPi(i＝A、B、C、D)＝L28FDFiP×L28FPDi——火焰从有火到无火（脉冲信号）。

L28CAN 逻辑控制如图 7-45 所示。

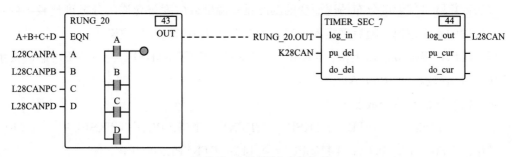

图 7-45 L28CAN 逻辑控制

L2CANT 逻辑控制如图 7-46 所示。

（4）L2RBT——Trip on Blowout Ramp Timed out，排气斜率计时跳闸。

燃气轮机正常到解列（L94SD＝1），在转速小于或等于 20％（K60RB）时仍未熄火（L28FD＝1），延时 30s（K2RBT）后，L94T 为 1，燃气轮机跳闸。

L60RB 逻辑控制如图 7-47 所示，L2RBT 逻辑控制如图 7-48 所示。

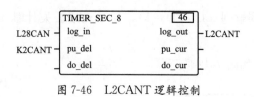

图 7-46　L2CANT 逻辑控制

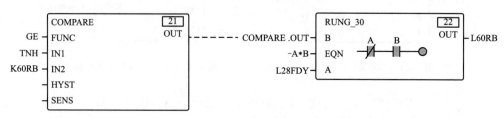

图 7-47　L60RB 逻辑控制

图 7-48　L2RBT 逻辑控制

正常停机（Shutdown）过程进行到一定状态就使 L94T＝1，由此产生的 L4＝0，并非保护性跳闸，属于正常控制。

7. 燃烧检测

燃烧不正常，会导致过渡段和一级透平（导叶）损伤，另一方面将在排气温度分布上首先反映出来。根据排气温度分布的情况诊断燃烧方面的故障或是热电偶故障的保护系统是 Mark VIe 系统一大特点。此功能由软件实现。

算法计算随排气温度分布情况而变的实际排气温度分散度与允许的分散度比较，确定各档分散度的水平逻辑。随后确定各种有关的报警和跳闸（遮断）逻辑。

压气机出口温度被加以上限 TTKSPL1＝700°F、下限 TTKSPL2＝300°F，形成被加限的压气机出口温度 LJCTDA。

正常情况下的允许分散度为

$$TTXSPL＝-CTD×TTKSPL3＋TTXM×TTKSPL4＋TTKSPL5 \tag{7-5}$$

其中：TTKSPL3＝0.08；TTKSPL4＝0.145；TTKSPL5＝30°F。

TTXSPL 加以上限（TTKSPL6）＝125°F、下限（TTKSPL7）＝30°F。

实际分散度为

$$TTXSP1＝TTXD2max－TTXD2min \tag{7-6}$$

$$TTXSP2＝TTXD2max－TTXD2 次 min \tag{7-7}$$

$$TTXSP3＝TTXD2max－TTXD2 次次 min \tag{7-8}$$

将实际分散度与允许分散度比较，确定分散度逻辑：

L60SP1＝TTXSP1＞TTXSPL×TTKSP1，其中 TTKSP1＝1.0，即 1 号分散度大于允许分散度；

L60SP2＝TTXSP1＞TTXSPL×TTKSP2，其中 TTKSP2＝5.0，即 1 号分散度大于 5 倍允许分散度；

L60SP3＝TTXSP2＞TTXSPL×TTKSP3，其中 TTKSP3＝0.8，即 2 号分散度大于 0.8 倍允许分散度；

L60SP4＝TTXSP3＞TTXSPL×TTKSP4，其中 TTKSP4＝1.0，即 3 号分散度大于 1 倍允许分散度；

L60SP5——最低温度热电偶位置与次最低温度热电偶位置相邻；

L60SP6——次最低温度热电偶与次次最低温度热电偶位置相邻；

排气温度监测保护：L83SPM＝L14HS×L4×L94X×60s，当 L83SPM＝1 时，表示燃烧工况较为稳定，投入排气温度检测保护。

排气温度监测保护根据上述分散度逻辑诊断燃烧故障或热电偶故障。

L30SPTA 逻辑控制如图 7-49 所示。

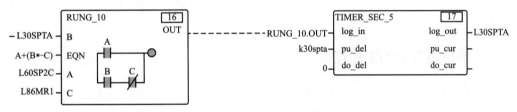

图 7-49　L30SPTA 逻辑控制

（1）L30SPTA＝(L62SP2C＋L30SPTA×L86MR11)×4s，其中 k30spta＝4s；

（2）L30SPA＝(L62SP1C＋L62SP4C＋L30SPA×L86MR11)×4s；其中 k30spa＝3s；
L30SPA 逻辑控制如图 7-50 所示。

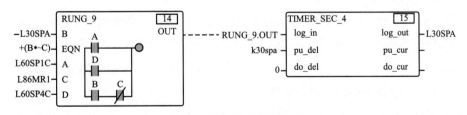

图 7-50　L30SPA 逻辑控制

（3）L30SPT＝(L62SP1C×L62SP3C×L62SP5＋L62SP2C×L62SP3C×L62SP6＋L62SP4CZ＋L30SPA×L86MR11)×9s；其中 k30spt＝9s；

L30SPT 逻辑控制如图 7-51 所示。

逻辑控制如图 7-52、图 7-53 所示。

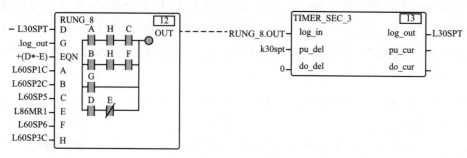

图 7-51　L30SPT 逻辑控制

图 7-52　逻辑控制（一）　　　　　　　　图 7-53　逻辑控制（二）

高排气温度分散度延时跳闸 L30SPT＝1 时，正常运行跳闸信号 L4POST＝1，使得主保护跳闸 L4T＝1，主保护信号 L4＝0，燃气轮机跳闸。

七、启机过程中的逻辑程序

燃气轮机启动前，经全面检查，确认燃气轮机、余热锅炉、汽轮机和发电机已具备启动条件；接值长启动命令后，进入燃气轮机"Control"画面的"Start-up"子画面下选择"Auto"模式后，点击"Start"，发燃气轮机启动命令。

控制系统执行自检程序，先后检测到 L3STCK0、L3STCK1、L3STCK2、L3STCK3、L3STCK4 均为 1 后，L3STCK（启动检查）为 1，启动检查通过。当机组检测到 L3RS（启动允许条件）为 1 后，L4 为 1，燃气轮机开始启动。

L4 为 1 后，检查 88CR 启动，88TG 停止运行，液力变扭器角度由 45°调至 68°；确认机组以下辅助设备已投入运行：88QA、88HQ、88QB、88QV、88BT-1/2、88VL-1/2；检查 88QE 启动进行测试，运行 5s（K1XZ）后停止，若 88QE 测试故障，发报警 L63QEZ_ALM"紧急润滑油泵自检失败"。

当燃气轮机转速升到 8.4% TNH 时，L14HT 为 1，88VG 启动（燃气轮机转速＞3.2% TNH 情况下启动，88VG 一直保持运行），同时启机气体泄漏程序启动（L3GLTSU 为 1），气体燃料泄漏检测主程序 L3GLT 为 1，检查天然气排空阀关闭到位（20-PS 电磁阀打开），天然气切断阀打开到位（20-FS 电磁阀打开），气体燃料排空阀 33VG-11 关闭（20VG-11 电磁阀打开）。此时，燃气轮机分别进行 A 段和 B 段气体燃料泄漏检测试验。

A 段：速比阀、控制阀、排空阀 33VG-11 保持关闭状态，若 30s（K86GLT1）内 FPG2 不大于 689kPa（K86GLTA），则 A 段检漏合格；若 30s 内 FPG2 大于 689kPa，则

A 段检漏失败，燃气轮机跳闸。

B 段：A 段检漏完成后（L86GLT1＝1），控制阀、排空阀 20VG-1 保持关闭，速比阀打开 10s（K86GLT2），然后关闭，此时 FPG2 输入计数器 FPG2LATCH，若 5.5s（K86GLT3）内 FPG2＜0.935×FPG2LATCH，则 B 段检漏失败，燃气轮机跳闸；若 5.5s 内 FPG2≥0.935×FPG2LATCH，则 B 段检漏成功。20VG-1 失电打开排空阀，70s（K86GLT4）后，L86GLT4＝1，L3GLT＝0，气体燃料启机泄漏检测完成（L3GLTSU_TC），整个过程共计 115.5s，延时 3s，L3GLTSUTC_AC＝1，发启动泄漏试验完成报警。

当转速升到 10％TNH 时，L14HM 为 1，检查液力变扭器角度由 68°降至 50°，同时清吹程序启动，开始 10.5min 清吹计时（K2TV），燃气轮机转速逐渐上升至 24％TNH 左右。

当清吹计时结束后，液力变扭器角度由 50°降至 15°，电磁阀 20TU-1 失电，燃气轮机转速开始下降。当转速降至 12％TNH 时，控制系统发点火命令，给出点火 FSR 1.75％（FSRSU2_FI），速比阀 VSR1 开度 7％左右，控制阀 VGC1 开度 14％左右，点火器投入工作，开始 30s 点火计时（K2F）。若再 30s 内 A、B、C、D 4 个火焰中至少有两个火焰，则点火成功，否则点火失败，点火失败后手动转入 CRANK 模式。

点火成功后，20VG-11 带电关闭 33VG-11，燃气轮机开始进入 1min 暖机程序，FSR 降至 1.38％（FSRSU2_WU）。点火成功信号 L28FDX 为 1 后，电磁阀 20TU-1 带电，2s 内液力变扭器角度由 15°调至 68°。检查燃气轮机排气画面中排烟温度、排烟温差是否有异常。

燃气轮机 1min 暖机结束后，燃气轮机继续升速。在加速过程中应注意监视燃气轮机各轴承的振动值、各轴承的金属温度、各轴承的回油温度和排烟温度场的分布状况等。

燃气轮机转速升至 30％TNH 时，顶轴油泵 88QB 退出运行。燃气轮机转速升至 42％～48％TNH 时燃气轮机进入一阶临界转速，记录此时最大振动的转速、位置和数值。转速升至 60％TNH 时，L14HC 为 1，电磁阀 20TU-1 失电，88CR 脱扣退出运行，燃气轮机进入自持加速阶段。转速升至 75％～83％TNH 时燃气轮机进入二段临界转速，记录此时最大振动的转速、位置和数值。检查 IGV 角度从 34°开大至 57°，用时大约 3s，升速率为 6.76°/％TNH。

转速升至 95％TNH 时，L14HS、L14HF 为 1，发电机励磁开关投入。励磁系统自动启励，检查发电机电压、励磁电流正常，同时 88QA、88HQ 停止运行，88TK-1 启动，延时 11s 后 88TK-2 启动。

燃气轮机转速升至满速空载后须全面燃气轮机各系统参数正常、无异常报警。检查各系统不应有跑冒滴漏、异常振动、异常声音等情况。重点检查天然气压力、润滑油母管压力、润滑油温度、液压油压力、排气分散度、轴承振动均正常。

确认燃气轮机各参数无异常后进行并网操作。进入"Control"画面的"Synch Gen"子画面，在"Sync Ctrl"一栏下选用"AUTO SYNC"准同期并网方式。同时手动调节发电机电压至正常范围，以利于发电机顺利并网。

燃气轮机发电机并网成功后，按值长命令，燃气轮机在"Start-up"画面下选择"Preselect"靶标后，点击"MW Control"栏目下的"Setpoint"靶标，输入 20MW 初始待机负荷值。在"Start-up"画面"PF Control"一栏中点击"Setpoint"按钮，输入功率因数数值（视电网运行要求而定）。

八、检查发电机电流、负荷正常后，拉开燃气轮机主变压器中性点接地开关

当燃气轮机负荷升至 10MW 时，L20CB1X 为 1，检查 4 个防喘放气阀 VA2-1/2/3/4 关闭到位。燃气轮机按设定的预选负荷，以约 8MW/min 速率升至预选负荷值。

第二十节 电 气 系 统

一、高低压系统

（1）1 号机组燃气轮机启动电动机运行于高压厂用电系统 6kV Ⅰ 段，2 号机组燃气轮机启动电动机运行于高压厂用电系统 6kV Ⅱ 段。

（2）低压厂用电源是通过低压厂用变压器将 6kV 高压电降压至 380/220V 低压电，向低压厂用母线供电的方式，其中动力与照明分开供电，系统中性点直接接地。

1）1 号燃气轮机 MCC 1 号进线由主厂房 380/220V 机组 PC 1A 母线供电，2 号进线由主厂房 380/220V 机组 PC 1B 段母线供电，1 号燃气轮机 MCC 1 号进线开关 41A0211、2 号进线开关 42A0211 一主一备，联锁投入。

2）2 号燃气轮机 MCC 1 号进线由主厂房 380/220V 机组 PC 2A 母线供电，2 号进线由主厂房 380/220V 机组 PC 2B 段母线供电，2 号燃气轮机 MCC 1 号进线开关 41B0211、2 号进线开关 42B0211 一主一备，联锁投入。

3）燃气轮机 MCC 的负荷有负荷箱通风机 88VG-1/2、辅助液压油泵 88HQ、辅机间空间加热器 23HA、透平间空间加热器 23HT、轮机间冷却风机 88BT-1/2、顶轴油泵 88QB-1/2、辅助润滑油泵 88QA、油气分离器 88QV-1/2、润滑油油箱加热器 23QT-1/2、盘车电动机 88TG、水洗坑排污泵、滤油泵、气体燃料阀站通风机 88VL-1/2、发电机空间加热器 23HG、前置伴热带、发电机罩壳通风机 88GV-1/2、排气缸冷却风机 88TK-1/2/3、DLN 空间加热器 23HA-11、检修箱、液力变扭器驱动电动机 88TM。

二、直流系统

直流电源的作用主要是对断路器的控制回路、信号回路、保护装置、自动装置、UPS、火灾保护、事故照明、直流应急油泵等重要设备供电；在一次回路故障时，给继电保护、信号设备、断路器的控制回路供电，以保证它们能可靠动作；在交流厂用电源中断

时，给事故照明、直流油泵及交流不停电电源等负荷供电，以保证事故保安负荷的工作。所以直流系统对机组的安全运行起着至关重要的作用，应保证在任何情况下都能可靠地向负荷供电。

1. 直流系统的构成

直流操作电源系统是由交流配电单元、高频整流模块、蓄电池组、硅堆降压单元、绝缘监测装置、电池巡检装置、配电监测单元和集中监控装置等部分组成。电气系统构成原理接线如图 7-54 所示。燃气轮机直流系统说明见表 7-24。

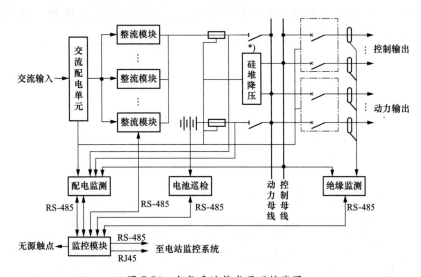

图 7-54　电气系统构成原理接线图

注：＊）系统不设置硅降压装置时，动力母线和控制母线合并。

表 7-24　　　　　　　　　　　　燃气轮机直流系统说明

直流系统电压	120V
直流系统接线	单母线
蓄电池组数	4
蓄电池型式	贫液式固定型阀控密封式铅酸蓄电池
蓄电池组容量	416Ah
蓄电池个数	56 只/组
蓄电池运行方式	浮充电
直流母线电压范围	100.8～132V

2. UPS 系统

UPS 的中文意思为"不间断电源"，是英语"Uninterruptible Power Supply"的缩写。主要为热工保护、监控仪表、计算机等设备提供单相交流 220V 不间断电源。

UPS 系统主要是由整流器、逆变器、静态切换开关、旁路系统及控制显示单元等组成。UPS 正常工作状态是由交流工作电源经整流、逆变后提供负荷交流 220V 恒频、恒压电源；当交流工作电源消失或整流器故障时，由直流蓄电池组经闭锁二极管、逆变器向负荷供电，当逆变器故障输出电压异常或过载时，则由静态切换开关至旁路备用电源向负荷供电。UPS 采用静态逆变装置，不自带蓄电池，直流电源由机组的直流系统供电，燃气轮机 UPS 的额定电压为 220V，额定电流为 20A，切换时间不大于 5ms。

UPS 工作原理：主电源即工作电源送至整流器柜，经整流器（三相可控整流桥）变换，将三相交流电压变成恒压的直流输出。整流器的直流电压输出在通过逆变器和隔离变压器输出不间断 AC 220V 电源；另外一路是直流电源引自 220V 直流母线输入通过逆变器和隔离变压器输出；同时还有一路旁路电源经 380/220V 隔离变压器及自动稳压器后，送至旁路柜，再经静态开关、旁路开关至负荷控制屏。正常由主电源供给，当主电源失去时，自动切由 220V 直流母线通过逆变器供给。

联锁保护及试验

第一节 机组联锁保护

保护逻辑说明与解释见表 8-1。

表 8-1 保护逻辑说明与解释

保护逻辑名称缩写					逻辑说明与解释
L4T	L4PST	L4PSTX1	L63QTX	96QA-2/63QA-2/63QT-2A/63QT-2B	两两组合（除 96QA-2/63QA-2 外），其余组合动作均跳闸
			L45FTX	L45FTX1/L94F1B/L45FTX2/L94F2B/L45FTX3/L94F3B	区域 1/2/4 火灾保护环路分别动作或相应区域 CO_2 释放
			L86GT	L86TGT	发电机差动遮断闭锁
			L63ETH	L63ET1H/L63ET2H/L63ET3H	燃气轮机排气压力高跳闸（3 取 2）
			L_GPP_TRIP	LGP1_7BCJ1/LGP2_7BCJ2	发电机保护跳闸（2 取 1）
		L4PSTX2	L39VT	BB1-BB5/BB9-BB11	振动高跳闸，25.4mm/s 动作
			L2SFT	L60FSGH	点火后启动燃料基准高跳闸
			L4CT	R5E2/R5E2	紧急远方手动跳闸
			L12H_FLT	L14H_ZSPD	主保护带电，丢失超速保护跳闸
			L86FPG2HT	LFPG2HT	点火后 p_2 压力高跳闸
			L86FPG2LT	LFPG2LT	点火后 p_2 压力低跳闸
		L4PSTX3	L12HF		转速控制信号丢失-HP
			L12HFD_P		超速保护故障-转速保护-HP
			L12HFD_C		超速保护故障-转速控制-HP
			L86GCVT		GCV 未跟随控制基准跳闸
			L3GRVPFLT	L3GRVT	SRV 未跟随控制基准跳闸
		L4PSTX4	L5CMPST_TRP	L5CMPST_TRP1/2	涡轮保护-复合脱扣
			L4BTFLT	L52BT-1/L52BT-2	运行中 2 台 88BT 停运或出口挡板均在关位，机组跳闸
			L4VLFLT	L52VL-1/L52VL-2	运行中 2 台 88VL 停运或出口挡板均在关位，机组跳闸
			L5E		就地手动紧急跳闸
			r5e		远方手动紧急跳闸
			L5ESTOP1_FBZ		主"4"跳闸翻转状态
			L5EX	L5E/R5E/L5E1/L5E2	手动跳闸

保护逻辑名称缩写					逻辑说明与解释
L4T	L4PST	L4PSTX5	L4GFFT	L86GCVT/L86GCVST/L3GFIVPL/L3GFIVPH	GCV 未跟随控制基准，p_2 压力过高；p_2 压力过低；GCV 阀位开超限；GCV 故障均跳闸
			L71GSHHT	L71GS12AHH/L71GS12BHH/L71GS13HH/L71GS22AHH/L71GS22BHH/L71GS23HH	前置模块 1 号或 2 号滤筒液位开关（3 取 2）跳闸
			L3FTGLZ	L26FTGL	点火前天然气温度低跳闸
			L3FTGL_T	L26FTGL	点火后天然气温度低跳闸
	L4PRET		L86FPG2IH	LFPG2IH	点火前 p_2 压力高跳闸
			L27qel		点火前应急油泵电压低跳闸
			L45HGD_PRET	L45HT1H/L45HT4H/L45HA4H	点火前 DLN 阀站、轮机间天然气浓度高或卡件故障跳闸
			L4FIGFLT		点火失败跳闸
			L94GLTSU	L86GLTA/L86GLTB	启机泄漏试验失败跳闸
			L94GLTSD	L86GLTA/L86GLTB	停机泄漏试验失败跳闸
			L3ACS	L3GFLT	控制阀伺服故障跳闸
			L3cp	L3CP1/L3CP2	点火前禁止机组启动跳闸
	L4POST		L26QT	LTTH1/LTTH2/LTTH3	润滑油母管温度高跳闸
			L12H		燃气轮机电超速跳闸
			L4DLNT	L94FX1/L94FX2/L94FX3/L94FX4	切换模式故障、一区点火失败、再点火失败、预混切换失败跳闸
			LCPRERR	LCPRERRX	压气机运行限制保护在最大控制误差（压比错误）跳闸
			L3TFLT	CPD1a/CPD1b/CPD1c	CPD 测量故障跳闸
			L45HGD_TRIP	L45HT1T/L45HT4T/L45HA4T	DLN 阀站或轮机间天然气浓度高高跳闸
			L28FDT	L28FD	火焰丢失跳闸
			L30SPT	L60SP1/L60SP2/L60SP3/L60SP4	排气分散度高跳闸
			L86TXT	TTRXB	排气超温跳闸
			L86TFB	TTXM	50% 转速前，排烟温度小于 250°F 则为排气热电偶开路，跳闸
			L86CBT	L20CBX/L33CB10/L33CB20/L33CB30/L33CB40	在 94% 转速以下，防喘放气阀打开失败，延时 11s 跳闸
	L3SMT		L86crt		启动电动机保护闭锁跳闸
			L60BOG	L83BOG	脱扣后转速下降跳闸

保护逻辑名称缩写			逻辑说明与解释
L4T	L4IGVT	L86GVT — CSGV/CSRGV	IGV 反馈角度与参考角度差值大于 7.5° 跳闸
		L4IGVTX — CSGV	IGV 角度在最小运行转速时小于 38° 跳闸
	L4LTTHT	LTTH1FLT/LTTH2FLT/LTTH3FLT — LTTH1/LTTH2/LTTH3	润滑油母管温度热电偶 3 个同时故障跳闸

第二节 机组维护操作

一、板式油冷却器组切换

1. 切换的要求

(1) 燃气轮机处于运行或盘车状态。

(2) 燃气轮机在正常运行、启停机或盘车过程中，为防止在用的润滑油油滤脏污而导致润滑油母管压力下降，影响燃气轮机及发电机各轴瓦的冷却及润滑，需要切换至备用润滑油油滤运行。

(3) 当在用的润滑油油滤端盖或相关阀门出现漏油时，为保证燃气轮机的安全运行，而需对上述缺陷进行临时销缺处理，要求将在用油滤切换至备用油滤。

(4) 润滑油滤前后压差超过 103kPa、运行时间超过 12 个月或出现其他故障情况下（滤器或相关阀门泄漏等），应对润滑油滤芯进行切换操作。

(5) 备用润滑油油滤中滤芯为更换过的干净滤芯，处于完好备用状态。

2. 操作切换的步骤

(1) 检查确认备用板式油冷却器组处于良好备用状态。

(2) 检查确认备用板式油冷却器进水隔离阀 HV104 处于关闭状态。

(3) 检查确认备用板式油冷却器出水隔离阀 HV105 处于关闭状态。

(4) 检查确认备用板式油冷却器放油阀 HV110 处于关闭状态。

(5) 检查确认备用润滑油过滤器放油阀 HV141 处于关闭状态。

(6) 缓慢打开板式油冷却器联通阀 HV130。

(7) 备用润滑油过滤器充油时，注意油流的声音，待油流无声后将切换阀切至备用板式油冷却器组，检查确认切换阀指向备用板式油冷却器组。

(8) 打开备用板式油冷却器进水隔离阀 HV104。

(9) 打开备用板式油冷却器出水隔离阀 HV105，根据系统要求调节阀门开度。

(10) 关闭原在用板式油冷却器进水隔离阀 HV106。

(11) 关闭原在用板式油冷却器出水隔离阀 HV107。

(12) 关闭原在用板式油冷却器组与备用板式油冷却器组的油侧联通阀 HV130。

3. 切换过程中的注意事项

（1）连通阀应缓慢打开，注意润滑油压力的变动情况，如波动异常，应立即关闭该阀，恢复为原油滤运行，及时通知燃气轮机运检专工。

（2）切换油滤时应迅速，不得停留在中间位置。

（3）切换至备用油滤后，注意检查该油滤端盖及相关管路阀门有无滴漏现象，如有异常，立即通知燃气轮机运检专工。

（4）切换完毕后一段时间内应注意观察润滑油温度、压力、滤网变化情况。

二、液压油滤切换操作

1. 切换的要求

（1）燃气轮机处于运行或盘车状态；备用液压油滤滤芯为更换过的干净滤芯，处于完好备用状态。

（2）若燃气轮机在盘车状态时应确认润滑油压力正常后手动启动辅助液压油油泵88HQ。

（3）当在用的燃气轮机液压油滤出现压差高报警时，为保证燃气轮机在正常运行时液压油压力不至于过低，且保证燃气轮机 IGV 可转导叶，燃料伺服阀能正常调节，需要切换至干净的备用液压油滤运行。

（4）当在用的液压油油滤滤筒密封处或相关阀门出现漏油时，为保证燃气轮机的安全运行，需进行临时消缺处理，要求将在用油滤切换至备用油滤。

2. 操作切换的步骤

（1）确认备用油滤的排污阀处于完全关闭状态。

（2）缓慢打开在用油滤与备用油滤之间的连通阀。

（3）缓慢打开备用油滤上放气阀，对备用油滤进行充油放气。

（4）当备用油滤放气阀排出连续油流后，关闭该放气阀。

（5）将两油滤切换阀手柄切换至备用油滤，并注意观察液压油压力的变化情况，检查压差表指示应为零。

（6）待切换结束后，且液压油压力稳定后，关闭两油滤之的连通阀。

3. 切换过程中的注意事项

（1）连通阀应缓慢打开，注意液压油压力的变动情况，如波动异常，应立即关闭该阀，恢复为原油滤运行，及时通知值长、燃气轮机专工。

（2）备用油滤放气阀应缓慢打开，且不要将开度开得过大，以防高压的液压油飞溅。

（3）切换时应迅速，不得在中间位置停留。

（4）如切换时燃气轮机处于盘车状态，切换结束后，应将启动的辅助液压油油泵88HQ恢复到原来状态。

（5）切换至备用油滤后，注意检查该油滤滤筒及相关阀门有无滴漏现象，如有异常，立即通知燃气轮机专工。

（6）切换结束后，应通知燃气轮机专工，停机后更换脏污的液压油滤芯。

三、燃气轮机前置站天然气精滤切换及滤芯检查操作

以1号燃气轮机前置站1号天然气精滤的切换及滤芯检查为例。

1. 投入1号燃气轮机前置站2号天然气精滤运行

（1）检查2号天然气精滤处于冷备用状态。

（2）手动缓慢打开2号天然气精滤入口阀的1号联通阀及2号联通阀，直到阀前后压力平衡。

（3）手动缓慢打开2号天然气精滤入口阀。

（4）手动缓慢打开2号天然气精滤出口阀，注意观察阀后天然气压力波动情况，如波动过大或出现任何异常情况，立即停止操作，恢复到原来正常状态。

（5）手动关闭2号天然气精滤入口阀1号联通阀及2号联通阀。

2. 退出1号天然气精滤运行

（1）手动缓慢关闭1号燃气轮机1号天然气精滤出口阀，注意阀后压力是否波动，如出现任何异常，停止操作，恢复到原正常状态。

（2）手动缓慢关闭1号燃气轮机1号天然气精滤入口阀。

3. 排掉1号天然气精滤压力

（1）手动打开1号天然气精滤一级排污一次阀，缓慢打开1号天然气精滤一级排污二次阀，保持小流量排污3min后，关闭1号天然气精滤一级排污二次阀。

（2）手动打开1号天然气精滤二级分离罐排污一次阀，缓慢打开1号天然气精滤二级分离罐排污二次阀，保持小流量排污3min后，关闭1号天然气精滤二级分离罐排污二次阀。

（3）手动打开1号天然气精滤放散一次阀，缓慢打开1号天然气精滤放散二次阀，压力释放完毕后，关闭1号天然气精滤放散二次阀。

4. 1号天然气精滤的氮气置换天然气

（1）卸掉1号天然气精滤充氮阀的堵丝，接入氮气瓶。

（2）打开1号天然气精滤充氮阀，打开氮气瓶出口阀及氮气出口调压阀，充氮压力为500kPa。

（3）手动缓慢打开1号天然气精滤一级排污二次阀，保持小流量排污2min后，关闭1号天然气精滤一级排污二次阀。

（4）手动缓慢打开1号天然气精滤二级分离罐排污二次阀，保持小流量排污2min后，关闭1号天然气精滤二级分离罐排污二次阀。

（5）充氮置换一段时间后，手动缓慢打开1号天然气精滤压差表下仪表阀检测天然气含量，连续取样3次，间隔不小于5min，直至检测天然气浓度低于4.6%，认为置换合格

（不合格时，可微开放散阀，直到合格为止）。

（6）关闭氮气瓶出口阀。

5. 1 号天然气滤芯检查

（1）开启 1 号天然气精滤的快开盲板。

（2）拆出并检查滤芯，用压缩空气反吹滤芯。

（3）回装合格的滤芯。

（4）关闭 1 号天然气精滤快开盲板。

6. 1 号天然气精滤的氮气置换空气

（1）打开氮气瓶出口阀和出口调压阀继续充氮。

（2）手动缓慢打开 1 号天然气精滤一级排污二次阀，保持小流量排污 2min 后，关闭 1 号天然气精滤一级排污二次阀。

（3）手动缓慢打开 1 号天然气精滤二级分离罐排污二次阀，保持小流量排污 2min 后，关闭 1 号天然气精滤二级分离罐排污二次阀。

（4）手动打开放散一次阀，微开二次阀。

（5）保持充氮一段时间，手动缓慢打开 1 号天然气精滤压差表下仪表阀检测天然气含量，连续取样 3 次，间隔不小于 5min，直至利用氧气分析仪测试排气浓度，氧气浓度降至 2% 以下，认为充氮完成。

（6）关闭 1 号天然气精滤放散二次阀。

（7）关闭氮气瓶出口阀及出口调压阀。

（8）关闭 1 号天然气精滤充氮隔离阀。

7. 1 号天然气精滤的天然气置换氮气

（1）打开 1 号天然气精滤入口阀的 1 号联通阀和 2 号联通阀，保持小流量置换。

（2）手动缓慢打开 1 号天然气精滤一级排污二次阀，保持小流量排污 2min 后，关闭 1 号天然气精滤一级排污二次阀及 1 号天然气精滤一级排污一次阀。

（3）手动缓慢打开 1 号天然气精滤二级分离罐排污二次阀，保持小流量排污 2min 后，关闭 1 号天然气精滤二级分离罐排污二次阀及 1 号天然气精滤二级分离罐排污一次阀。

（4）手动缓慢打开 1 号天然气精滤放散二次阀，置换一段时间后，连续取样 3 次，间隔不小于 3min，直至检测天然气浓度高于 95%，认为置换合格。

（5）手动关闭 1 号天然气精滤放散二次阀及放散一次阀。

8. 1 号天然气精滤的升压

（1）缓慢对 1 号天然气精滤进行升压，控制升压率不大于 300kPa/min。

（2）待 1 号天然气精滤压力跟上游管线平衡后，关闭 1 号天然气精滤入口阀的 1 号联通阀和 2 号联通阀。

（3）系统检漏，无泄漏后处于备用状态。

四、定期工作

（1）按照燃气轮机专业定期切换制度要求，每月 15 日，由当日白班运行人员对燃气轮机备用辅机进行绝缘测量工作，由当日中班对机组辅机进行切换试验，停运备用机组辅机执行启动试验。

（2）每周五配合化学专业对燃气轮机润滑油进行取样。同时根据油质化验报告，选择滤油模式。

（3）机组长期停运期间，燃气轮机专业规定每周二投用燃气轮机进气滤网反吹系统，反吹时机选择在天气晴朗时执行（根据天气情况可顺延），每次反吹时间控制在 2~3h 内，反吹投运前，联系热机专业启动空气压缩机。

（4）机组长期停运期间，每周三运行人员联系专业主管检查进气系统。

（5）当燃气轮机叶轮间最高平均温度低于 65℃ 且盘车已满足于 24h 时，若两日内无启动计划，汇报值长、专业主管，待同意后，方可停运盘车。

（6）机组全停，燃气轮机零转速，油系统停运，若无启动计划，燃气轮机专业规定每周一白班投运盘车。投运前，运行人员汇报值长、专业主管，待同意后，先投运油系统 1~2h，检查无异常，投运盘车 1~2h，现场、盘面检查各项参数无异常后，停运盘车至零转速。另外，燃气轮机盘车投运前，联系电气专业测量各辅机绝缘（辅机停运时间超过 10 天），辅机绝缘合格后方可投运盘车。

（7）接到机组启动计划后，燃气轮机专业规定提前 3 天试投盘车。为保障备用燃气轮机能够快速启动，燃气轮机运行人员应在机组启动前 12h 投入盘车并连续运行，以避免燃气轮机启动过程中振动大引起跳机。

第三节 机 组 试 验

一、辅助和应急润滑油泵试验

1. 试验目的

（1）检验辅助润滑油泵及应急润滑油泵在燃气轮机正常运行时润滑油压力低的情况下应急启动能力。

（2）校验润滑油压力开关 63QA-2、润滑油压力变送器 96QA-2 的动作值及返回值。

（3）检验辅助润滑油泵及应急润滑油泵在压力开关动作后或压力变送器压力值低至设定值时，响应启动的一致性及润滑油压力恢复后应急润滑油泵自动停运的能力及自动停运时的润滑油压力值。

2. 试验周期

（1）定期进行，试验周期定为每半年一次。

（2）根据机组实际运行状况，由检修热控专业提出试验申请，运行专业安排试验时间。

3．人员组织与授权

（1）检修热控专工为此项试验的负责人，负责记录数据与现场操作，运行岗位配合操作。

（2）此项试验必须得到值长的许可方可进行。

（3）须到现场的人员应有燃气轮机专工、值长、燃气轮机岗运行值班员、热控检修专工。

4．试验设备及元器件

（1）辅助润滑油泵 88QA-1。

（2）应急润滑油泵 88QE-1。

（3）润滑油母管调压阀 VPR2-1 前压力开关 63QA-2。

（4）润滑油母管调压阀 VPR2-1 前压力变送器 96QA-2。

（5）压力开关 63QA-2 试验隔离阀 HV300。

（6）压力开关 63QA-2 试验泄油阀 HV301。

（7）压力变送器 96QA-2 试验隔离阀 HV302。

（8）压力变送器 96QA-2 试验泄油阀 HV303。

5．试验时燃气轮机应处状态及注意事项

（1）试验前应确认辅助润滑油泵 88QA-1 及应急润滑油泵 88QE-1 电动机绝缘正常，控制及动力电源开关处于自动位置。

（2）试验人员应携带对讲机保证通信畅通。

（3）试验时燃气轮机应保持在全速空载（FSNL）状态（启机后并网前，或在燃气轮机计划停机时采用预选负荷 3MW 降燃气轮机负荷，当负荷降至 3MW 时采用手动跳开发电机-变压器组出口开关 2501/2503，燃气轮机将保持全速空载）。

（4）试验时应注意分别对压力开关 63QA-2 及压力变送器 96QA-2 进行试验，按试验记录表进行相关试验项目的记录；在试验时应由一人操作、一人监护，并作记录。

6．试验步骤

（1）63QA-2 压力开关试验。

1）试验前记录润滑油母管调压阀 VPR2-1 前压力表上压力值。

2）完全按下压力开关 63QA-2 试验隔离阀 HV300。

3）缓慢打开压力开关 63QA-2 试验泄油阀 HV301。

4）当辅助润滑油泵 88QA-1 及应急润滑油泵 88QE-1 启动时按试验记录表记录调压阀 VPR2-1 前压力表上压力、辅助润滑油泵出口压力及应急润滑油泵出口压力。

5）关闭压力开关 63QA-2 试验泄油阀 HV301。

6）缓慢放开压力开关 63QA-2 试验隔离阀 HV300。

7）在应急润滑油泵 88QE-1 停运时记录调压阀 VPR2-1 前压力表上压力。

8）完全放开压力开关 63QA-2 试验隔离阀 HV300。

9）手动停运辅助润滑油泵。

10）试验结束后记录润滑油母管调压阀 VPR2-1 前压力表上压力值。

（2）96QA-2 压力变送器试验。

1）试验前在 MARK-VIe 显示屏上记录润滑油母管调压阀 VPR2-1 前压力 QAP2 压力值。

2）完全按下压力变送器 96QA-2 试验隔离阀 HV302。

3）缓慢打开压力变送器 96QA-2 试验泄油阀 HV303。

4）当辅助润滑油泵 88QA-1 及应急润滑油泵 88QE-1 启动时按试验记录表记录调压阀 VPR2-1 前压力显示值 QAP2、辅助润滑油泵出口压力及应急润滑油泵出口压力。

5）关闭压力变送器 96QA-2 试验泄油阀 HV303。

6）缓慢放开压力变送器 96QA-2 试验隔离阀 HV302。

7）在应急润滑油泵 88QE-1 停运时记录调压阀 VPR2-1 前压力显示值 QAP2。

8）完全放开压力变送器 96QA-2 试验隔离阀 HV302，记录润滑油母管调压阀 VPR2-1 前压力示值 QAP2。

9）手动停运辅助润滑油泵。

10）试验结束后记录润滑油母管调压阀 VPR2-1 前压力显示值 QAP2。

7. 试验结果审核

（1）运行值班员、燃气轮机专工、热控专工、值长均要对试验结果进行审核。

（2）需运行值班员、燃气轮机专工、热控专工、值长同时确认试验结果正常，方可有效。试验结果由检修热控专工负责备案、存档。

（3）对试验结果有任何疑问可申请再做一次试验。

（4）试验结果显示系统有故障，由运行人员根据故障实际情况开出相应故障等级的故障单，并作出相应的处理措施。

8. 试验结束

（1）确认系统正常无故障后，复位 MARK-VIe 上相关报警后按正常程序并网或停机，试验结束。

（2）确认系统有故障（试验结果不合格），依照事故处理规程对现场实际故障情况进行处理，试验结束。

9. 辅助润滑油泵及应急润滑油泵试验记录表

（1）63QA-2 压力开关试验记录表见表 8-2。

表 8-2 63QA-2 压力开关试验记录表

项目	试验前	88QA 启动时	88QE 启动时	88QE 停运时	88QA 停运后
调压阀前压力（压力表）					
泵稳定出口压力					

（2）96QA-2 压力开关试验记录表见表 8-3。

表 8-3   96QA-2 压力开关试验记录表

项目	试验前	88QA 启动时	88QE 启动时	88QE 停运时	88QA 停运后
调压阀前压力 （QAP2）					
泵稳定出口压力					

二、火灾保护系统试验

1. 试验目的

（1）校验燃气轮机火灾保护系统在燃气轮机辅机间、轮机间、负荷间、DLN 阀站出现火情时的应急动作能力。

（2）校验在燃气轮机辅机间、轮机间、负荷间、DLN 阀站出现火情而手动触发 CO_2 喷射时，系统工作正常。

（3）校验在火灾系统发出火灾报警（非火灾预报警）时，燃气轮机控制系统能发出机组跳闸信号，且 MCC 所有风机自动停运。

2. 试验周期

（1）定期进行，试验周期定为每年一次。

（2）根据实际运行状况，由燃气轮机主管临时安排。

3. 人员组织与授权

（1）检修热控专工为此项试验的负责人，负责人员组织和现场指挥。

（2）此项试验必须得到值长的许可方可进行。

（3）须到现场的人员应有燃气轮机岗运行值班员、燃气轮机专工、热控检修专工、值长。

（4）通知消防队、公司各部门领导，燃气轮机即将进行火灾保护系统试验。

4. 试验设备及元器件

（1）火灾探头 45FA-1A、45FA-2A、45FA-1B、45FA-2B、45FT-1A、45FT-1B、45FT-2A、45FT-2B、45FT-3A、45FT-3B、45FT-8A、45FT-8B、45FT-9A、45FT-9B、45FA-6A、45FA-6B、45FA-7A、45FA-7B。

（2）手动破碎玻璃式报警器 43CP-1、43CP-2、43CP-3、43CP-4、43CP-5、43CP-6、43CP-7。

（3）声光组合报警器 SLI-1C、SLI-2C、SLI-3C、SLI-1E、SLI-2E。

（4）光报警器 SLI-1A、SLI-1B、SLI-2B、SLI-1D、SLI-1、SLI-2。

（5）CO_2 气瓶及 CO_2 手动触发喷射装置。

（6）MARK-VIe 控制系统。

（7）MCC 所有风机。

5. 注意事项

（1）试验前确认火灾系统 CO_2 自动触发喷射控制根据运行规程应在退出状态。

（2）试验过程中必须确认燃气轮机箱体内无任何其他与此次试验无关人员。

（3）必须确认无人员停留在燃气轮机箱体内，才能试验 CO_2 喷射。

6. 试验步骤

（1）试验前应确认燃气轮机处于停运状态且燃气轮机轮间温度小于 65℃，燃气轮机箱体内所有检修人员均应撤离。

（2）火灾探头校验。

1）任意选取一支火灾探头，用短焰明火烘烤（建议使用能持续燃烧的火机）到一定时间。

2）检查火灾控制盘和 MARK-VIe 控制盘上是否同时发出对应区域火灾预报警，并做好记录。

3）任意选择一区域，在此区域两个火灾报警环中分别任意选取一支火灾探头，对此两支火灾探头同时用短焰明火烘烤（建议使用能持续燃烧的火机）到一定时间。

4）检查光报警器、声光组合报警器是否正常发出报警，并做好记录。

5）检查火灾控制盘和 MARK-VIe 控制系统上是否同时发出对应区域火灾报警，并做好记录。

6）检查 MARK-VIe 控制系统是否发出燃气轮机跳闸信号（"L4T"为"1"），并做好记录。

7）检查 MARK-VIe 控制系统是否发出 MCC 所有风机停运信号，并做好记录。

8）复位火灾控制盘所有报警，将火灾控制系统恢复到正常运行状态。

9）复位 MARK-VIe 控制系统上所有由火灾触发的相关报警，并对燃气轮机进行主复位，恢复到正常备用状态。

（3）手动破碎玻璃式报警器校验。

1）任意选择一个手动破碎玻璃式报警器，手动按下。

2）检查光报警器、声光组合报警器是否正常发出报警，并做好记录。

3）检查火灾控制盘和 MARK-VIe 控制系统上是否同时发出对应区域火灾报警，并做好记录。

4）检查 MARK-VIe 控制系统是否发出燃气轮机跳闸信号（"L4T"为"1"），并做好记录。

5）检查 MARK-VIe 控制系统是否发出 MCC 所有风机停运信号，并做好记录。

6）复位被按下的手动破碎玻璃式报警器。

7）复位火灾控制盘所有报警，将火灾控制系统恢复到正常运行状态。

8）复位 MARK-VIe 控制系统上所有由火灾触发的相关报警，并对燃气轮机进行主复位，恢复到正常备用状态。

（4）CO_2 手动释放校验。

1）任意选择"ZONE1""ZONE2"或"ZONE4"区域。

2）在先行释放气瓶组中保留拉线释放气瓶，将其他气瓶气动释放传动销取下。

3）在后续释放气瓶组中保留 1 瓶 CO_2 瓶及释放机构完好，将其他气瓶气动释放传动销取下。

4）手动拉动 CO_2 手动释放手柄。

5）检查对应区域是否有 CO_2 气体喷射，并做好记录。

6）检查光报警器、声光组合报警器是否正常发出报警，并做好记录。

7）检查火灾控制盘和 MARK-VIe 控制系统上是否同时发出对应区域 CO_2 气体喷射报警，并做好记录。

8）检查火灾控制盘和 MARK-VIe 控制系统上是否同时发出对应区域火灾报警，并做好记录。

9）检查 MARK-VIe 控制系统是否发出燃气轮机跳闸信号（"L4T"为"1"），并做好记录。

10）检查 MARK-VIe 控制系统是否发出 MCC 所有风机停运信号，并做好记录。

11）检查喷射的气瓶称重锤是否已经落下，并做好记录。

12）复位 CO_2 手动释放手柄。

13）将已经喷射的 CO_2 气瓶换下，更换上已充满 CO_2 的新气瓶。

14）手动复位 CO_2 释放总管上压力开关。

15）复位火灾控制盘所有报警，将火灾控制系统恢复到正常运行状态。

16）复位 MARK-VIe 控制系统上所有由火灾触发的相关报警，并对燃气轮机进行主复位，恢复到正常备用状态。

7. 试验结果审核

（1）运行值班员、燃气轮机专工、热控专工、值长均要对试验结果进行审核。

（2）需运行值班员、燃气轮机专工、热控专工、值长同时确认试验结果正常，方可有效。试验结果由燃气轮机专工负责备案存档。

（3）对试验结果有任何疑问可申请再做一次试验。

（4）试验结果显示系统有故障，由运行人员根据故障实际情况开出相应故障等级的故障单，并作出相应的处理措施。

8. 试验结束

（1）确认火灾保护系统正常无故障后，复位 MARK-VIe 上相关报警后机组投入正常备用状态，试验结束。

（2）确认火灾系统有故障（试验结果不合格），依照事故处理规程对现场实际故障情况进行处理（火灾保护系统出现缺陷，机组应退出运行，并通知总工），试验结束。

三、燃气轮机超速跳闸试验

1. 试验目的

校验当燃气轮机出现超速，转速达到超速跳闸值时，控制系统动作能力。防止燃气轮机运行中出现超速而保护拒动，造成燃气轮机严重损坏。

2. 试验周期

（1）新建电厂，机组正式投运前要进行超速跳闸试验一次；

（2）机组大修后，在投运前要进行超速跳闸试验一次；

（3）根据机组实际运行状况，由检修热控专业提出试验申请，运行专业安排试验时间。

3. 人员组织与授权

（1）检修热控专工为此项试验的负责人，负责人员组织和现场指挥。

（2）此项试验必须得到公司分管生产领导、值长的许可方可进行。

（3）须到现场的人员应有燃气轮机主管、值长、燃气轮机岗运行值班员、热控检修专工、公司分管生产领导。

4. 试验设备及元器件

试验设备及元器件有转速探头 77HT-1、77HT-2、77HT-3。

5. 试验时燃气轮机应处状态及注意事项

（1）试验人员应携带对讲机，保证通信畅通。

（2）试验前确认转速探头 77NH-1、77NH-2、77NH-3、77HT-1、77HT-2、77HT-3 处正常状态。

（3）试验前确认 TCC 间手动紧急跳机按钮正常。

（4）试验前确认燃气轮机振动监测保护系统工作正常。

（5）试验时燃气轮机应保持在全速空载（FSNL）状态。

6. 试验步骤

（1）燃气轮机处在全速空载 FSNL 状态下（启机达 FSNL 状态，或在燃气轮机计划停机时采用预选负荷 3MW 降燃气轮机负荷，当负荷降至 3MW 时采用手动跳开发电机-变压器组出口开关 2501/2503，燃气轮机将保持全速空载），确认发电机出口开关在分位。

（2）在空载满速状态打印一次燃气轮机运行参数。

（3）发电机区域、轮机区域、辅机区域、TCC 间手动紧急跳机按钮处，各安排一名人员负责报告试验过程中出现的各种异常情况（包括声响、振动、润滑油压力、管线泄漏、轴承温度等）和在出现紧急情况时能紧急手动停运燃气轮机。

（4）通知现场各人员试验开始，在 MARK-VIe 控制系统 "Overspeed test" 页面中 "Electrical Overspeed Trip Test" 栏内点击 "Start" 按钮，再在弹出的确认对话框中点击 "OK" 按钮。此时燃气轮机开始从 3000r/min 升速（在试验过程中可以点击 "Electrical

Overspeed Trip Test" 栏内"Abort"→"OK"按钮,退出超速试验程序)。

(5) 在升速过程中,现场各人员密切监视燃气轮机运行状况(特别是运行声响、振动、润滑油压力、轴承温度),发现异常立即报告。一旦发现出现严重损害燃气轮机的情况或即将出现严重损害燃气轮机的状况,应立即手动跳闸燃气轮机。并报告主管、生产副总。

(6) 燃气轮机转速升至 3300r/min(110%TNH),确认燃气轮机跳闸,同时发出相关报警,做好记录。

(7) 如果转速上升超过 3300r/min 但燃气轮机未跳闸,应密切监视燃气轮机转速和其他各运行参数,当转速上升至 3380r/min 仍未跳闸时,应立即手动跳闸燃气轮机。

(8) 燃气轮机跳闸后,按照相关的处理程序进行处理。

7. 试验结果审核

(1) 运行值班员、燃气轮机主管、热控专工、值长、总工均要对试验结果进行审核。

(2) 需运行值班员、燃气轮机主管、热控专工、值长、总工同时确认试验结果正常,方可有效。试验结果由燃气轮机专工负责备案存档。

(3) 对试验结果有任何疑问可申请再做一次试验。

(4) 试验结果显示系统有故障,由运行人员根据故障实际情况开出相应故障等级的故障单,并作出相应的处理措施。

8. 试验结束

(1) 确认系统正常无故障后,复位 MARK-VIe 上相关报警,确认超速试验程序已经退出,试验结束。

(2) 确认系统有故障(试验结果不合格),依照相关燃气轮机超速跳闸事故处理规程对现场实际故障情况进行处理,试验结束。

四、燃气轮机超振跳闸试验

1. 试验目的

(1) 校验当燃气轮机出现轴瓦振动超过报警值时,控制系统报警动作能力。

(2) 校验当燃气轮机出现轴瓦振动超过跳闸值时,控制系统跳闸动作能力。

2. 试验周期

(1) 定期进行,试验周期定为每年一次;

(2) 根据机组实际运行状况,由热控检修专工提出试验申请,运行部安排试验时间。

3. 人员组织与授权

(1) 检修热控专工为此项试验的负责人,负责人员组织和现场指挥。

(2) 此项试验必须得到值长的许可方可进行。

(3) 须到现场的人员应有燃气轮机专工、值长、燃气轮机岗运行值班员、热控检修专工。

4. 试验设备及元器件

试验设备及元器件包括振动探头 39V-1A、39V-1B、39V-2A、39V-3A、39V-3B、39V-4A、39V-4B、39V-5A。

5. 试验时燃气轮机应处状态及注意事项

（1）试验人员应携带对讲机，保证通信畅通。

（2）试验时燃气轮机应保持在全速空载（FSNL）状态。

6. 试验步骤

（1）燃气轮机处全速空载 FSNL 状态下（启机达 FSNL 状态，或在燃气轮机计划停机时采用预选负荷 3MW 降燃气轮机负荷，当负荷降至 3MW 时采用手动跳开发电机-变压器组出口开关 2501/2503，燃气轮机将保持全速空载）。

（2）任意选择一对振动探头（39V-1A、39V-1B 或 39V-3A、39V-3B 或 39V-4A、39V-4B），将选取的一对探头从安装位置拆下（保证探头信号线接线完好）。

（3）手动摇动其中的一个探头，使控制系统上对应该探头的振动值达报警值（12.7mm/s）。

（4）检查控制系统是否发出 "HIGH VIBRATION ALARM" 报警，并做好记录。

（5）继续摇动此探头，增加摇动幅度，使对应的振动值达跳闸值（25.4mm/s）。

（6）手动摇动改组探头中的另一个探头，使对应的振动值达报警值（12.7mm/s）。

（7）检查控制系统是否发出跳闸信号、燃气轮机是否同时跳闸、是否同时出现 "HIGH VIBRATION TRIP OR SHUTDOWN" 报警，并做好相关记录。

（8）燃气轮机跳闸后，按照相关的处理程序进行处理。

（9）在对应的原来位置上安装好被拆下的振动探头。

7. 试验结果审核

（1）运行值班员、燃气轮机专工、热控专工、值长均要对试验结果进行审核。

（2）需运行值班员、燃气轮机专工、热控专工、值长同时确认试验结果正常，方可有效。试验结果由燃气轮机专工负责备案存档。

（3）对试验结果有任何疑问可申请再做一次试验。

（4）试验结果显示系统有故障，由运行人员根据故障实际情况开出相应故障等级的故障单，并作出相应的处理措施。

8. 试验结束

（1）确认系统正常无故障后，复位 MARK-VIe 上相关报警，试验结束。

（2）确认系统有故障（试验结果不合格），依照相关燃气轮机超振事故处理规程对现场实际故障情况进行处理，试验结束。

第九章

事 故 处 理

第一节 事 故 处 理 通 则

一、事故处理的一般规定

（1）发生事故和处理事故时，值班员不得擅自离开岗位，应正确执行值长的命令处理事故。

（2）在交接班未办完而发生事故时，应由交班人员处理，接班人员协助、配合，在系统设备未恢复稳定或值班负责人不同意交接班前，不得进行交接班，只有在事故处理告一段落或值班长同意交接班后，方可进行交接班。

（3）发生事故时，各装置的动作信号不要急于复归，以便于事故的正确分析和处理。

（4）处理事故时，值长是全厂事故处理的领导者和组织者。

（5）在处理事故中，应一个任务处理结束后再进行下一步任务的处理，处理事故应逐步进行，防止事故扩大。

（6）事故处理后应记录事故现象和处理情况。

二、事故处理的一般原则

（1）迅速限制事故的发展，消除事故的根源，解除对人身和设备安全的威胁。

（2）注意运行的系统，在不影响人身和设备安全的情况下，尽可能使设备继续运行。

（3）事故发生后，根据参数、报警信号、自动装置动作情况进行综合分析、判断，作出处理方案，处理中应防止事故的进一步扩大。

（4）在事故已被限制并趋于稳定时，应设法调整系统运行方式，使之合理，让系统恢复正常。

（5）尽快将已跳机的机组恢复到准备启动状态。

（6）做好主要操作及操作时间的记录，及时将事故处理情况报告值长和专工。

三、事故处理的一般程序

（1）根据设备的各运行参数、报警信号、自动装置动作情况等进行分析、判断，判断出故障性质。

（2）值班员到故障现场，严格执行安全规程，对设备进行全面检查，判明故障的范围。

（3）立即设法消除故障对人身和设备安全构成的威胁，必要时停止设备运行。

（4）保证非故障设备的安全运行，对故障设备进行隔离，启动备用设备。

（5）做好现场的安全措施，以便检修人员进行抢修。

（6）迅速、准确地将事故处理的每一阶段情况报告给值长，避免事故处理时发生混乱。

第二节　机组紧急停运

一、紧急跳机条件

1. 自动跳机条件

（1）机组超速保护动作。

（2）机组超振保护动作。

（3）机组排气超温保护动作。

（4）A、B、C、D 或 E、F、G、H 4 个火焰探测器中的任意 3 个熄火。

（5）机组润滑油母管压力低，L63QT 为"1"。

（6）机组润滑油母管温度高高，保护动作。

（7）机组在解列发"STOP"令后出现"防喘阀位置故障"报警，保护动作。

（8）燃气轮机辅机间、DLN 阀站温度超过 163℃，轮机间温度超过 316℃，负荷间温度超过 385℃或发生明火，机组火灾保护动作。

（9）机组排气分散度大，遮断保护动作。

（10）主变压器差动保护继电器动作。

（11）发电机差动保护动作。

（12）天然气 DLN 阀站、轮机间底部、轮机通风道中每组两个以上危险气体检测浓度大于 8％LEL；或每组一个故障，一个可燃气体探测浓度大于 8％；或者每组中两个故障，且一个可燃气体探测浓度大于 5％。

（13）天然气截止速比阀位置伺服故障。

（14）燃料控制阀动作迟缓保护动作。

2. 手动跳机条件

（1）机组发生故障，自动紧停保护拒动。

（2）机组运行中任一轴承断油、冒烟。

（3）机组内转动部件有明显的金属撞击声，机组振动突然明显增大。

（4）机组发生喘振。

（5）润滑油系统大量泄油。

（6）天然气管路大量泄漏天然气。

（7）发电机励磁机冒烟。

（8）发电机出线电缆头、开关或避雷器爆炸。

（9）发电机电压互感器或电流互感器冒烟。

（10）天然气系统起火，不能及时扑灭。

（11）发"燃气压力低"报警，控制室伴有强烈振感，有功负荷大幅摆动，且这三种现象同时出现时。

（12）发生的故障可能严重危及人身设备安全的情况。

二、紧急跳机操作

1. 自动跳机

自动跳闸条件被触发，控制系统主保护动作跳闸。

2. 手动跳机

（1）在 MARK-VIe 控制柜面板上按红色"EMERGENCY STOP PUSH BOTTON"紧急跳机按钮；或在辅机间按下紧急跳机按钮 5E-1 或 5E-2。立即确认控制系统已执行紧急跳机程序。

（2）确认主变压器出口开关跳开。发电机有功、无功、电压、电流到零。

（3）确认速比阀和控制阀关闭，天然气流量到零。

（4）确认燃气轮机熄火，A、B、C、D、E、F、G、H 火焰强度为零。

（5）确认发电机灭磁，励磁电压、电流到零。

（6）机组进入惰走，记录燃气轮机惰走时间。

（7）MARK-VIe CRT 主画面状态显示"TRIP"，发相应的报警。

三、紧急跳机后的操作

（1）汇报值长。

1）机组因何种原因紧急跳机；

2）发电机电气保护盘上保护继电器动作情况；

3）MARK-VIe 的 CRT 报警信息内容；

4）跳闸后的处理情况。

（2）值长负责汇报部门经理、总工。

（3）打印报警信息及历史跳闸记录。

（4）紧急跳机后机组进入惰走过程中，燃气轮机运行岗位人员应密切关注燃气轮机惰走时间、惰走过程中转速变化情况、机组振动、润滑油压力（特别是在出现润滑油压力低导致紧急跳机情况下，要密切关注辅助润滑油泵和应急润滑油泵运行情况）。

（5）若紧急跳机后，若未能进行正常的盘车冷机程序，当排除故障后重新启机时，按下列几条处理（机组紧急跳机后，若未能正常盘车，应手动停掉冷却风机，关闭燃气轮机各仓室门）。

1）紧急跳机后，停机 20min 内，需重新启机时，可不须冷机运行，按正常启动程序启动。

2）紧急跳机后，停机 20min～48h 内，需重新启动之前，要进行 1～2h 的盘车冷机程序（按后述零启盘车程序投运燃气轮机盘车）。

第三节 典 型 事 故 处 理

一、润滑油系统异常

1. 异常现象

（1）润滑油箱就地液位计慢慢下降低于 E 位，MARK-VIe 的 CRT 上发出"LUBE OIL LEVEL LOW"报警。

（2）润滑油箱就地液位计慢慢上升高于 F 位，MARK-VIe 的 CRT 上发出"LUBE OIL LEVEL HIGH"报警。

（3）润滑油就地压力表突降或缓慢下降，MARK-VIe 的 CRT 上发出"LUBE OIL PRESSURE LOW"报警，辅助润滑油泵 88QA-1 启动运行或应急润滑油泵 88QE-1 启动运行。

（4）机组各轴承回油观察孔回油不畅或断油，MARK-VIe 的 CRT 上显示轴承金属温度达 129℃，发出"BEARING METAL TEMPERATURE HIGH"报警。

（5）润滑油箱就地温度计温度较高，MARK-VIe 的 CRT 上显示润滑油母管温度 LTTH 超过 68℃，发出"LUBE OIL HEADER TEMPERATURE HIGH"报警，显示超过 82.2℃，则发出"LUBE OIL HEADER TEMPERATURE HIGH TRIP"报警，机组跳闸。

（6）机组在检修状态盘车停运时，润滑油箱油温低，MARK-VIe 的 CRT 上 LTOT 显示低于 15℃，则发出"LUBE OIL TANK TEMPERATURE LOW"报警，润滑油箱加热器 23QT 自动投入，辅助润滑油泵 88QA-1 自动启动（注意：在设备检修时，断开 88QA-1 电源的同时一定要断开润滑油加热器 23QT 的电源，防止润滑油温度低时，加热器自动投入而辅助润滑油泵不能启动，润滑油局部过热，润滑油变质和损害加热器）。

2. 原因

（1）润滑油系统大量泄漏、泄压阀动作等造成润滑油液位下降。

（2）润滑油冷油器漏水，导致润滑油液位上升。

（3）主润滑油泵损坏、润滑油系统泄漏、辅助齿轮箱损坏、调压阀故障等造成压力下降，润滑油供应不足，轴承、润滑油等温度升高。

（4）润滑油冷却闭式水中断或泵堵塞，进气出力不足，导致润滑油温度高。

（5）开式水中断、堵塞、供应不足、进气等造成润滑油温度高。

（6）润滑油温控调节阀 VTR1 调节故障，润滑油温度高。

（7）机组在停运盘车后，气温太低造成润滑油温度低。

(8) 润滑油系统供给的启动系统、液压油系统等发生泄漏，导致润滑油压力低。

3. 处理措施

(1) 润滑油液位下降很快，立即进行紧急停机，在转子没有停止转动前，要准备合格的润滑油进行添加，保证各轴承的正常供油。

(2) 润滑油箱进水，对油质进行监控，从油箱底部排污处将水排出。

(3) 润滑油温度高时，首先检查润滑油系统温控阀，再对闭式水、开式水系统进行检查，对系统进行放气。

(4) 主润滑油泵、辅助齿轮箱损坏，申请停机，轴承金属温度高时可紧急降负荷，避免轴承被烧毁。

(5) 在启机前发现辅助润滑油泵 88QA-1、应急润滑油泵 88QE-1 故障，不允许启动机组。

(6) 通知值长、专工。

二、排烟温度异常

1. 异常现象

(1) 机组在启动、运行中 MARK-VIe 的 CRT 上发出 "EXHAUST TEMPERA-TURE HIGH" "EXHAUST OVERTEMPERATURE TRIP" 报警，机组跳机。

(2) MARK-VIe 的 CRT 上显示排气分散度较大，异常波动。

(3) 天然气 p_1、p_2 压力异常波动。

(4) 压气机排气压力（CPD）波动，负荷波动。

(5) 机组在启动、运行中，天然气温度（FTG）过低。

(6) 火焰筒温度高，出现烧红现象。

2. 原因

(1) 天然气温度低，造成天然气以液态形式在燃烧室里燃烧，出现爆燃。

(2) 运行中控制系统发生故障，导致天然气过量超温。

(3) 运行中天然气速比阀、控制阀发生故障，导致天然气压力异常。

(4) 监视排烟温度的热电偶故障损坏。

(5) 天然气环管至喷嘴段管路有漏气。

(6) 燃料喷嘴结垢堵塞，燃烧不均。

(7) 火焰筒、过渡段出现裂纹等缺陷。

(8) 一次调频不稳定，负荷波动，造成燃料控制基准（FSR）波动较大，排烟分散度升高。

3. 处理措施

(1) 机组跳机后，检查燃烧室是否熄火，如果还有火焰立即切断气源，让燃烧室火焰尽快熄灭。

（2）超温后保护没有动作跳机，手动紧急跳机。

（3）机组出现超温停机后，通知值长、专工及检修人员检查，在没有查明原因并处理好前不允许再次点火。

（4）排烟温度异常，判断是否由于测量热电偶故障或者控制系统硬件故障引起，及时通知热控专业人员处理，避免跳机。

（5）机组因为此故障跳机时，再次启动过程中，要再次进行清吹，排尽残留天然气，防止点火时发生爆燃。

三、IGV 系统异常

1. 异常现象

（1）机组在启机前，MARK-VIe 的 CRT 上 IGV 显示的角度小于 28°或未选择水洗程序，14HA 转速以上大于 35°则 MARK-VIe 的 CRT 上发出"INLET GUIDE VANE PO-SITION SERVO TROUBLE"报警，控制系统不允许机组启动。

（2）机组在运行转速以上时，IGV 小于 38°，MARK-VIe 的 CRT 上发出"INLET GUIDE VANE CONTROL TROUBLE TRIP"报警，机组跳机。

（3）若燃气轮机转速在运行转速以上（14HS 上电）时，IGV 反馈角度 CSGV<38°或机组在运行转速以下（14HS 失电）时，IGV 反馈角度 CSGV 超过设定角度 CSRGV 达 7.5°以上，持续 5s，MARK-VIe 上会发出"INLET GUIDE VANE CONTROL TROU-BLE TRIP"报警，燃气轮机跳闸。

（4）IGV 反馈角度 CSGV 与 IGV 控制角度指令（CSRGV）的差值大于 3.5°，持续 5s后，MARK-VIe 上会发出"INLET GUIDE VANE CONTROL TROUBLE ALARM"报警。

2. 原因

（1）IGV 调整的角度基准不对。

（2）IGV 系统电液伺服阀 90TV-1、控制电磁阀 20TV-1 故障。

（3）IGV 反馈出现错误。

（4）液压油系统故障或液压油压力过低。

3. 处理措施

（1）出现上述故障，通知值长，专工、检修人员进行检查处理。

（2）检查液压油系统、主泵运行情况、管线滴漏情况、液压油压力等。

（3）记录参数，在未查明原因前，不准启机。

四、燃气轮机喘振

1. 异常现象

（1）机组发出异常的低频吼叫声。

（2）振动大幅增加。

（3）负荷来回波动。

（4）压气机排气压力波动。

2. 原因

（1）压气机结垢严重，通流面改变。

（2）进气道气流扰动。

（3）IGV 系统故障。

3. 处理措施

（1）紧急跳机，对进气道进行检查。

（2）及时对机组进行水洗。

（3）检查 IGV 系统、液压油系统。

（4）通知值长、专工。

五、盘车故障

1. 异常现象

（1）机组在盘车过程中出现盘车停运，转速降到零。

（2）盘车中轮机间听到金属的摩擦声，转速降低后又上升到正常。

（3）盘车电动机 88TG 超温冒烟。

（4）盘车电动机转动，大轴不转动。

（5）启机过程中盘车不能自动停运。

（6）停机过程中盘车不能自动投入。

2. 原因

（1）控制系统故障，盘车未达到停运条件自动停运。

（2）电源丢失，盘车停运。

（3）轮机间进入冷空气，动静部分冷却不均，动静摩擦。

（4）液力变扭器故障，工作油泄掉，盘不动大轴。

（5）88TM 故障，出口油涡轮导角不正常。

（6）润滑油系统或顶轴油系统故障，油压过低。

（7）电气原因，盘车电动机超温。

（8）88TG 电气原因或控制系统故障，盘车不能自动投退。

3. 处理措施

（1）如果轮间温度未达停盘车条件停运，报告值长；如属于控制系统故障，可手动投入盘车；

（2）电源丢失后，如大轴静止超过 15min，则禁止启动盘车，需静置 48h 后再启动。

（3）检查润滑油压力、顶轴油泵出口压力、TMGV 角度。

（4）发生其他故障时，报告值长，通知检修进行处理。

六、轴承烧毁

1. 异常现象

（1）轴承冒烟。

（2）振动大幅波动。

（3）轴承金属温度高，MARK-VIe 的 CRT 上发出"BEARING METAL TEMPERATURE HIGH"报警。

（4）各轴承的回油观察孔断油。

（5）有明显的金属摩擦声。

2. 原因

（1）润滑油供给不足，润滑油中断。

（2）润滑油温度高，超温。

（3）轴承受力不均，油膜振荡。

（4）润滑油品质恶化，润滑油内有杂质。

（5）轴系中心偏移。

（6）负荷大幅频繁波动，振动增大。

3. 处理措施

（1）立即进行紧急跳机，尽快让转子静止下来，严禁盘车，检查各参数，重点看润滑油参数和回油观察孔的回油情况，初步判断出发生烧毁事故的原因。

（2）通知保安，注意现场防火。

（3）通知值长、专工，详细记录发生事故前后的润滑油参数。

七、厂用电丢失

当出现全厂失电、220kV 失电、保安段有电的情况时，燃气轮机岗应做的应急操作如下：

（1）全厂失电，燃气轮机跳机，发电机出口开关跳开，燃气轮机岗应在 MCC 上检查应急润滑油泵是否投入，并就地确认应急润滑油泵运行，如果不能联启可尝试手启，应急润滑油泵出口压力应在 0.137MPa 以上。

（2）对机组进行全面巡视，润滑确认机组各轴瓦及燃气轮机本体无异常。

（3）与电气岗联系，要求其通过保安电源为燃气轮机 MCC 送电。

1）如果电气岗在燃气轮机转速降至 3.3% 以前，恢复对 MCC 送电，辅助润滑油泵投入，顶轴油泵投入，油雾分离风机投入。燃气轮机转速降至 3.3% 时盘车自动投入，待润滑油母管压力建立并稳定之后，手动停应急润滑油泵。

2）如果电气岗在燃气轮机转速降至 3.3% 以前，没有对 MCC 恢复送电，待燃气轮机大轴惰走到零转速时，记录零转速时间。

（4）MCC 送电后，能恢复盘车的，首先尽快恢复盘车。

（5）若没能在燃气轮机转速降至 3.3% 以前对 MCC 恢复送电，燃气轮机大轴惰走到零转速，燃气轮机停盘车 15min 内，220kV 恢复送电，则要求电气岗立即恢复对启动电动机进行送电，恢复燃气轮机盘车。

（6）如果燃气轮机盘车停运超过 15min，则禁止启动燃气轮机。

附录 A　燃气轮机巡视项目检查卡

一、燃气轮机 TCC 间重点检查项目

序号	项目	重点检查内容
1	燃气轮机 MCC 柜	(1) 主备电源开关位置正确。 (2) 电压 400V、三相总电流无较大偏差和波动。 (3) 各辅机、设备电源开关位置正确，指示灯显示正常。 (4) MCC 柜内各小开关位置正确。 (5) 各柜温度正常，接头无发热现象。 (6) 柜内装置无异音，无异味
2	发电机、励磁控制保护柜	(1) 电源正常，各参数显示正确，状态显示与实际相符合。 (2) 发电机控制和保护屏无异常报警。 (3) 励磁控制和保护屏无异常报警。 (4) 保护柜温度正常，无异常发热现象。 (5) 报警指示灯正常指示。 (6) 柜内装置无异声，无异味
3	MARK-VIe 控制柜	(1) 电源正常。 (2) 紧急停机按钮位置正确。 (3) 控制柜温度正常，无异常发热现象。 (4) 柜内装置无异声，无异味
4	本特利振动监测	(1) 电源正常，装置各参数显示正确。 (2) 状态显示与实际相符合。 (3) 无异常报警，指示灯指示正确。 (4) 装置无异声，无异味
5	天然气探测盘	(1) 电源正常，监测盘各测点无天然气溶度显示。 (2) 无异常报警（>5%LEL 浓度高报警，>8%LEL 浓度高高报警），浓度显示与实际相符合。 (3) 装置无异声，无异味
6	直流充电动机及蓄电池	(1) 电源正常，装置各参数显示正确。 (2) 装置参数状态稳定（电压 125V、两台充电机电流和约为 10A）。 (3) 装置无异常报警。 (4) 充电机柜、蓄电池室温度正常，无异常发热现象。 (5) 装置无异声，无异味
7	其他检查	(1) 其他设备、装置状态正常。 (2) 其他装置无异声，无异味。 (3) 空调正常投入（设定 22℃），空间温度正常（≯25℃）。 (4) 无其他影响安全生产与文明生产的因素存在

二、燃气轮机天然气前置模块重点检查项目

序号	项目	重点检查内容
1	1/2 号前置过滤器	(1) 运行过滤器差压不大于 55kPa。 (2) 过滤器天然气压力运行在 2.5MPa 左右，备用不小于 500kPa。 (3) 过滤器天然气温度运行不小于 28℃，备用不小于 6.2℃。 (4) 液位计无液位显示。 (5) 各传感器及其接线无破损。 (6) 各阀门位置正常。 (7) 无破损泄漏情况。 (8) 天然气浓度检测合格
2	前置天然气系统设备	(1) 天然气进气截止阀阀门位置正常，无泄漏。 (2) 天然气放散截止阀阀门位置正常，无泄漏。 (3) 控制气源管路阀门 HV350 位置正常，状态良好，无泄漏。 (4) 天然气热水加热器管路阀门位置正常。 (5) 其余管路阀门位置正常，状态良好，无泄漏。 (6) 各表计无破损泄漏。 (7) 各传感器及其接线无破损。 (8) 安全阀状态正常。 (9) 检测前置模块内天然气溶度数值为 0%LEL。 (10) 警示标志完好、醒目。 (11) 灭火器材完备。 (12) 无其他影响安全生产与文明生产的因素存在

三、燃气轮机辅机间重点检查项目

序号	项目	重点检查内容
1	启动电动机 88CR、盘车电动机 88TG	(1) 电动机前后轴承温度不大于 85℃。 (2) 电动机前后轴承振动不大于 0.06mm。 (3) 无润滑油脂渗漏，法兰连接处无渗漏。 (4) 联轴器连接处正常，转机转动无声音
2	辅助润滑油泵 88QA、油雾分离风机 88QV	(1) 电动机前后轴承温度不大于 85℃。 (2) 电动机前后轴承振动不大于 0.06mm。 (3) 润滑油泵出口油压监视在 700kPa 左右。 (4) 油雾分离风机运行正常，箱体无明显异常振感。 (5) 无润滑油脂或润滑油渗漏。 (6) 转机转动无异声
3	应急润滑油泵 88QE	(1) 电动机前后轴承温度不大于 85℃。 (2) 电动机前后轴承振动不大于 0.10mm。 (3) 无润滑油脂或润滑油渗漏，法兰连接处无渗漏。 (4) 转机转动无异声
4	液力变扭器辅助齿轮箱	(1) 联轴器连接处正常，无润滑油脂渗漏。 (2) 壳体无明显异常振感。 (3) 液力变扭器导叶角电动机 88TM 状态良好。 (4) 液力变扭器导叶角刻度指示正确。 (5) 联轴器连接处正常，转机转动无异声。 (6) 主润滑油泵、主液压油泵运行良好

序号	项目	重点检查内容
5	天然气小室通风机 88VL-1/2	(1) 风机及壳体管道无明显异常振感。 (2) 风机运行正常，无异声。 (3) 电动机前后轴承温度不大于 85℃。 (4) 电动机前后轴承振动不大于 0.06mm。 (5) 电动机冷却风叶完好
6	其他检查	(1) 1 号轴承润滑油进回油正常。 (2) 润滑油母管就地压力表指示约为 180kPa。 (3) 油箱负压监视−2.5kPa 左右。 (4) 润滑油箱油位正常：不小于 1/2。 (5) 系统管路阀门位置正确，各法兰连接处无渗漏。 (6) 灭火器材完备。 (7) 无其他影响安全生产与文明生产的因素存在

四、燃气轮机透平间、负荷间重点检查项目

序号	项目	重点检查内容
1	透平间通风机 88BT-1/2	(1) 风机运行正常，风机及壳体管道无明显异常振感。 (2) 转机转动无异声。 (3) 无异声、异味及脏污
2	负荷间通风机 88VG-1/2	(1) 风机运行正常，风机及壳体管道无明显异常振感。 (2) 转机转动无异声。 (3) 无异声、异味及脏污
3	透平框架冷却风机 88TK-1/2/3	(1) 管道箱体无明显振感。 (2) 出口压力正常。 (3) 转机转动无异声。 (4) 无异声、异味及脏污
4	其他检查	(1) 透平缸体内部无异声。 (2) 可转导叶控制油滤网压差指示未弹出。 (3) 可转导叶实际开度与控制盘指示相符。 (4) 防喘阀位置正确（运行关闭，停机后打开）。 (5) 火花塞 11、12 号无打火响声。 (6) 启动失败排放阀油路打开。 (7) 系统管路阀门位置正确。 (8) 2 号轴承下及回油管无渗漏油现象。 (9) 4 个火焰探测器冷却水管路接头无渗、滴水现象。 (10) 警示标志完好、醒目。 (11) 灭火器材完备。 (12) 无其他影响安全与文明生产的因素存在

五、燃气轮机冷却水模块重点检查项目

项目	重点检查内容
冷却水模块	(1) 进出口水压、温度在正常范围，外冷却水回水温度不大于 40℃。 (2) 水流正常。 (3) 冷却水管路无气体。 (4) 冷却水浓度辨色、辨味正常（微黄、微腥味）。 (5) 系统管路阀门位置正确。 (6) 各法兰连接完好、无渗漏。 (7) 无其他影响安全生产与文明生产的因素存在

六、燃气轮机顶轴油模块重点检查项目

序号	项目	重点检查内容
1	顶轴油泵 88QB-1/2	(1) 顶轴油泵出口油压正常不小于 12MPa。 (2) 泵体前轴承温度最高不大于 70℃。 (3) 泵体后轴承温度最高不大于 85℃。 (4) 电动机前后轴承温度最高不大于 85℃。 (5) 泵体轴承振动最高不大于 0.10mm。 (6) 电动机轴承振动最高不大于 0.10mm。 (7) 电动机冷却风叶完好。 (8) 管路法兰连接处无渗漏
2	其他检查	(1) 过滤器压差正常，指针均在绿色正常区域。 (2) 系统管路阀门位置正确。 (3) 各法兰连接完好、无渗漏。 (4) 无异声、异味及脏污。 (5) 无其他影响安全生产与文明生产的因素存在

七、燃气轮机发电机模块重点检查项目

序号	项目	重点检查内容
1	发电机模块	(1) 前后轴承无明显振感，振动探头固定完好。 (2) 前轴承大轴电刷接线完好，电刷完整。 (3) 润滑油管路窥孔油流正常。 (4) 空冷器系统管路阀门位置正确。 (5) 空冷器系统管路无渗漏。 (6) 油管路各法兰连接完好、无渗漏。 (7) 无异声、异味及脏污。 (8) 灭火器材完备。 (9) 无其他影响安全生产与文明生产的因素存在
2	发电机间通风机 88GV	(1) 风机运行正常，风机无明显异常振感。 (2) 电动机转动无异声。 (3) 无异声、异味及脏污

八、天然气调压站重点检查项目

序号	项目	重点检查内容
1	调压站 MCC 间	(1) 总电源开关位置正确，柜面指示灯正常。 (2) UPS 工作正常，指示灯显示正常。 (3) 流量计工作正常，指示灯显示正常，参数准确。 (4) MCC 柜内各小开关位置正确。 (5) 各柜温度正常，接头无发热现象。 (6) 柜内装置无异声、无异味。 (7) 燃气轮机保安变柜内温度正常，无其他异常现象。 (8) 空调正常投入（设定 22℃），空间温度正常（不大于 25℃）

序号	项目	重点检查内容
2	进出口及计量单元	(1) 天然气进口天然气压力不小于 3MPa，出口压力不小于 2.5MPa。 (2) 天然气进口火警阀阀门位置正常，控制状态正常，无泄漏。 (3) 天然气出口火警阀阀门位置正常，控制状态正常，无泄漏。 (4) 天然气超声波流量计状态正常，控制盘参数显示正确。 (5) 控制气源管路阀门位置正常，状态良好，无泄漏。 (6) 进口火警阀双电磁阀均带电状态（通过手触摸）。 (7) 系统管路法兰接口及表计破损无泄漏。 (8) 安全阀状态正常，无内漏现象
3	旋风分离及过滤单元	(1) 旋风分离器液位计液位不大于 200mm。 (2) 过滤器液位计液位不大于 100mm，压差指示不大于 40kPa。 (3) 排污阀阀位及控制气源管路阀门位置正常。 (4) 系统管路阀门位置正常。 (5) 传感器及其接线无破损。 (6) 系统管路法兰接口及表计无破损、泄漏现象。 (7) 安全阀状态正常，无内漏现象
4	调压单元	(1) 调压阀开度正常，单机运行时第三路调压器开度约为 40%；双机运行时第三路调压器开度为 100%，第二路调压器开度约为 30%。 (2) 快切阀阀门位置正常。 (3) 控制气源管路保温完好。 (4) 各传感器及其接线无破损。 (5) 系统管路法兰接口及表计无破损、泄漏。 (6) 安全阀状态正常，无内漏现象
5	集污罐及其他	(1) 集污罐液位正常不大于 400mm。 (2) 管路阀门位置正常，状态良好、无泄漏。 (3) 系统管路法兰接口及表计无泄漏。 (4) 排污泵备用良好。 (5) 调压站警示标志完好、醒目。 (6) 调压站场内灭火器材完备。 (7) 调压站内各单元天然气浓度检测数值显示为 0%LEL。 (8) 无其他影响安全生产与文明生产的因素存在

附录 B 燃气轮机设备巡回检查路线

B.1 巡回检查路线

主控室→1 号燃气轮机负荷间通风机→1 号燃气轮机发电机间通风机→1 号燃气轮机透平间通风机→1 号燃气轮机顶轴油模块→1 号燃气轮机发电机及励磁机→1 号燃气轮机发电机北侧→1 号燃气轮机负荷间→1 号燃气轮机发电机南侧→1 号燃气轮机 DLN 阀站模块→燃气轮机 DLN 阀站通风风机→1 号燃气轮机透平间南侧→燃气轮机进气加热模块→1 号燃气轮机压缩空气模块→1 号燃气轮机辅机间南侧→1 号燃气轮机油雾风机→1 号燃气轮机 1 号轴承→1 号燃气轮机辅机间北侧→1 号燃气轮机润滑油滤油机→1 号燃气轮机透平间北侧→1 号燃气轮机透平框架冷却风机→1 号燃气轮机 CO_2 模块→1 号燃气轮机 TCC 间→1 号燃气轮机天然气前置模块→天然气调压站 MCC 间→调压站进口单元→调压站计量单元→调压站旋风分离单元→调压站过滤分离单元→调压站加热单元→调压站调压单元→调压站出口单元→2 号燃气轮机天然气前置模块→2 号燃气轮机 TCC 间→2 号燃气轮机 CO_2 模块→1 号燃气轮机润滑油滤油机→2 号燃气轮机辅机间北侧→2 号燃气轮机 1 号轴承→2 号燃气轮机油雾风机→2 号燃气轮机辅机间南侧→2 号燃气轮机压缩空气模块→2 号燃气轮机进气加热模块→2 号燃气轮机 DLN 阀站模块→2 号燃气轮机 DLN 阀站通风风机→2 号燃气轮机透平间南侧→2 号燃气轮机顶轴油模块→2 号燃气轮机发电机及励磁机→2 号燃气轮机发电机北侧→2 号燃气轮机负荷间→2 号燃气轮机发电机南侧→2 号燃气轮机负荷间通风机→2 号燃气轮机发电机间通风机→2 号燃气轮机透平间通风机→燃气轮机水洗模块→主控室。

B.2 巡回检查规定

（1）运行人员每班按巡检时序表规定的顺序，原则上每班必须进行完整的 2 次巡检，每一次的完整巡检时间必须保证 2h。

（2）如运行人员在巡检过程中遇到启停机操作、办理工作票、进行定期工作或其他特殊情况，需中断巡检或无法全部巡检时，须取得值长同意后中断巡检，同时在值班记录中进行交代并由值长在该交代处签字确认，在完成相关工作后，运行人员可以从中断处按顺序接着巡检，时间不允许则应由接班人员对缺检路线相关设备进行重点巡视。

（3）负荷间巡查仅在机组盘车状态和零转速时执行。

（4）考虑人身安全，需攀登的天然气小室通风机、负荷间通风机和透平间通风机在中班、夜班及遇有风雨时减少巡查次数。

（5）运行设备特殊情况下，要加强巡检次数：如暴雨天气应增加 1、2 号燃气轮机控制间电缆沟巡检次数 2 次以上，以防止电缆沟进水；设备存在异常或缺陷时，根据实际情况增加巡检次数。

（6）运行人员巡检期间需和主控制室保持联系畅通，另一值班员不得离开主控制室。

附录 C PG9171E 型燃气轮机维护保养导则
（T/CEEMA 010—2019）

1 范围

为规范和指导 PG9171E 燃气轮机的维护和保养工作内容和工艺，特制定本导则。

本导则规定了 PG9171E 型燃气轮机定期维护保养的规定，PG9171E 型燃气轮机电厂可借鉴参考。

2 规范性引用文件

GB/T 28686—2012　燃气轮机热力性能试验

GB/T 32821—2016　燃气轮机应用安全标准

DL/Z 870—2004　火力发电企业设备点检定修管理导则

国能安全〔2014〕161 号　防止电力生产事故的二十五项重点要求

3 术语和定义

下列术语、定义和缩略语适用于本导则。

3.1

定期检查　regular inspection

指运行设备或备用设备定期进行检查方面的预防性工作，以检测运行或备用设备的健康水平。

3.2

定期切换　regular switching

指同一系统内发挥完全相同功效的具有冗余的设备，其备用设备和运行设备的切换工作，定期切换的目的是确保备用状态下的设备能随时可靠投入运行，以保证所在系统能够连续运行。

3.3

燃烧调整　combustion tune

指调整进入燃料室的燃料量与空气量的配比，寻找机组安全燃烧的稳定边界，将燃烧设定到安全燃烧稳定边界的中心区域，从而获得良好的稳定燃烧的裕度范围，以保障燃气轮机燃烧的稳定，包括燃烧不熄火、不回火、不超温、燃烧压力脉动小等。

3.4

压气机离线水洗　off-line water washing

指在燃气轮机冷拖转速下，以适当的压力、温度和流量将配好的清洗剂水溶液喷入压气机进口，对压气机动、静叶进行清洗以恢复压气机基本性能的方法。

3.5

定期给油脂　regular grease

指为定期在转动设备的转动部位添加润滑油脂以保证设备正常运转，防止事故发生，减少机器磨损，延长使用寿命，提高设备的生产效率和工作精度。

3.6

缺陷管理　defect management

缺陷是指影响燃气轮机机组主辅设备、公用系统安全经济运行的异常现象，缺陷按其影响程度分为一、二、三类。

3.6.1

一类缺陷　A class of defects

指威胁燃气轮机安全经济运行，影响机组正常出力或正常参数运行，属于技术难度较大，不能在短时间内消除，需机组停运才能消除的缺陷。

3.6.2

二类缺陷　B class of defects

指虽不影响燃气机组出力和正常运行参数，但在机组运行时无法消除，导致机组安全性、可靠性或经济性降低的缺陷，或者影响机组出力和正常运行参数，消除技术难度不大的缺陷。

3.6.3

三类缺陷　C class of defects

指燃气轮机及其辅助系统设备在生产过程中发生的一般性质的缺陷，消除时不影响机组出力或负荷曲线，可随时消除的缺陷，或者虽然在运行中无法消除，但不影响机组的安全性、可靠性和经济性。

4　内容及要求

4.1　定期维护和保养项目

定期维护和保养项目见表 1。

表 1　　　　　　　　　　　定期维护和保养项目

序号	系统或设备	项目	周期	备注
1	燃气轮机	燃烧调整	按需	详细步骤与内容见 4.2
2	燃气轮机	盘车	每周	启动盘车电动机，停机一周以上执行
3	燃气轮机	孔探	每年	每年不少于一次
4	压气机	水洗	800h	详细步骤与要求见 4.3；水洗间隔可根据各单位实际情况确定
5	天然气快关阀	阀门关断试验	1 年	天然气调压阀后压力达到规定值时，调整关断阀调整螺钉，使其动作关闭阀门

续表

字号	系统或设备	项目	周期	备注
6	天然气调压站调压阀	压力整定	每年	
7	各液动阀门	活动试验	6个月	全行程开关试验
8	各气动阀门	活动试验	6个月	全行程开关试验
9	各滤网	切换	每月	根据各单位实际情况确定
10	各冷却器	切换	每月	根据各单位实际情况确定
11	板式换热器	清洗	每年	根据各单位实际情况确定
12	直流油泵	自启试验	15天	长期停机
13	泵、风机	定期轮换	15天	1) 启动前先检查备用泵的状况，检查备用泵系统所有阀门是否开关正确。 2) 先启动备用设备，待设备运行正常后再停运原运行设备
14	润滑油	油质化验	按规定	核技术监督导则取样化验
15	各蓄能器	压力检定	1年	冲至规定压力
16	压气机进气滤网	反吹	设定值或每次停机后	开启反吹系统
17	防喘阀	动作试验	每半年	
18	电机、转动设备	给油脂	按说明书	内容详见4.4
19	IGV	角度校验	每年	现场测量与控制系统对比
20	IGV	间隙测量	每年	
21	调压站	接地电阻	每半年	
22	天然气埋地管道	阴极保护测量	每年	
23	安全阀	校验	每年	
24	压力容器	校验	按规定	
25	二氧化碳钢瓶	检验	每三年	
26	灭火系统	检验	按规定	
27	各油滤滤芯	检查、更换	每年	根据各单位实际情况确定

4.2 定期燃烧调整

4.2.1 DLN1.0 燃烧调整的时间选择

a) 季节性调整：燃气轮机所处环境因季节变化，燃烧工况恶化时进行的燃烧调整。

b) 检修调整：机组等级检修后根据需要进行的燃烧调整。

c）临时调整：若喷嘴，燃烧器，燃气系统的控制阀进行了更换，或燃料组分变化显著，则应对燃气轮机进行燃烧调整。

d）故障调整：若燃气轮机的硬件在日常检查维护中发现有损坏或影响使用的情况，怀疑燃烧状况可能受到影响时根据分析有可能需要进行的燃烧调整。

e）环保调整：通过烟气监测系统发现烟气排放超过环保许可或相关标准的范围时，应进行燃烧调整。

4.2.2　燃烧调整的准备工作

a）进行燃烧调整前应确认烟气分析系统测量准确，或者有相关测量资质的单位到现场测量。

b）不能在大雨，大雾，大雪环境中进行，如果预定日期遇到极端天气，应另行选择合适日期重新进行燃烧调整。

c）燃烧调整应提前 24h 准备，并提前联系生产厂家技术人员以做好技术支持的准备。

d）燃烧调整时应在基本负荷下一次调频，退出 AGC 等功能以保持负荷稳定。

4.2.3　燃烧调整过程

a）记录点火到 baseload 的数据，基本负荷下进行燃料配比调整实验。（约 2h）

b）基本负荷运行 3h。

c）基本负荷下再次进行燃料配比调整实验。（约 2h）

d）基本负荷记录 20min 下的稳态数据。

e）根据基本负荷稳态下的 NO_x 数值，如果大于 9ppm，则排气温控线降 12.2℃后（9E 机组的基本负荷约降低 2MW 左右），记录 20min 的稳态数据。

f）根据基本负荷稳态下的 NO_x 数值，如果小于 9ppm，则排气温控线升 12.2℃后（9E 机组的基本负荷约升高 2MW 左右），记录 20min 的稳态数据。

g）恢复燃气轮机排气温控线。

h）将燃气轮机负荷降至 80％，记录 20min 的稳态数据。

i）将所有数据整理后上传到生产厂家。

j）由生产厂家给出最终的相关常数的修改意见，现场生产厂家技术人员确认，修改，下载控制常数到燃气轮机机组。

k）燃烧调整的正式报告通常在一星期内提交。

l）整个燃烧调整的过程，通常在 8h～10h 内可以完成。

4.3　压气机定期水洗

4.3.1　压气机水洗要求

透平叶轮间必须充分冷却，任一级叶轮间的两点温度平均值最高不得超过 65.6℃（150℉），水洗水温与叶轮间温度的差值最大不超过 65.6℃（150℉），水温以 80℃为宜，环境温度大于 4℃。水质应合乎下列要求：

固体水溶物　　　　　　＜100ppm

pH 值　　　　　　　　6～8

K＋Na　　　　　　　　＜25ppm

洗涤剂　　　　　　　　合格

4.3.2　压气机离线水洗隔离措施

4.3.2.1　关闭压气机防喘阀的气源阀 AD-1。

4.3.2.2　关闭压气机压力传感器 96CD 气源阀 AD-4。

4.3.2.3　关闭 AD-4 前低点排污阀。

4.3.2.4　关闭去辅助齿轮箱射流抽气气源阀 AD-2。

4.3.2.5　确认反吹系统抽气隔离阀 AD-3 关闭。

4.3.2.6　打开反吹抽气隔离阀前的低位排放阀。

4.3.2.7　关闭五级抽气去抽承密封隔离阀 HV100。

4.3.2.8　打开 AE-5 隔离阀前低位排放阀 WW7。

4.3.2.9　打开 AE-5 抽气气水分离器低位排放阀 CA1。

4.3.2.10　燃烧室启动失败排放阀 VA17-1 出口三通阀由关闭位切换至排水侧。

4.3.2.11　透平启动失败排放阀 VA17-2 出口三通阀由关闭位切换至排水侧。

4.3.2.12　排气室启动失败排放阀 VA17-5 出口三通阀关闭位切换至排水侧。

4.3.2.13　打开排气室低位三个排放阀 WW4。

4.3.2.14　打开压气机进气室低位排放阀 IE4。

4.3.2.15　打开天然气清吹管路低点排污阀。

4.3.2.16　确认压气机进水管 20TW-1 前手动隔离阀关闭。

4.3.2.17　打开压气机进水管 20TW-1 前手动隔离阀前的排污阀。

4.3.2.18　合上压气机水洗电磁阀电源开关及水洗模块电源。

4.3.3　水洗模块备用检查

4.3.3.1　检查水洗模块控制箱电源指示灯显示正常。

4.3.3.2　检查水洗模块控制箱上水洗模式已转至"离线"模式，水洗泵红色"紧急停止"按钮已复位。

4.3.3.3　检查水洗模块控制箱上离线水洗信号选择旋钮已打至允许位置。

4.3.3.4　检查洗涤剂箱液位计上、下隔离阀全开，洗涤剂箱液位计排污阀全关。

4.3.3.5　检查洗涤剂液位正常，洗涤剂加注出口阀关闭状态。

4.3.3.6　检查余热锅炉除氧水箱至水洗模块手动阀已打开，水洗模块其他阀门位置正确。

4.3.3.7　检查水洗泵 88TW 备用正常，水洗泵进/出口电磁阀（FY161/FY175）备用正常。

4.3.4　暖管操作

4.3.4.1　确认余热锅炉除氧水箱水温或水洗水箱在 80℃左右。

4.3.4.2　检查水洗泵紧急停泵按钮处于正常状态。

4.3.4.3　打开水洗泵进、出口手动阀 HV121、HV123 及水洗模块出口至本机组手动隔离阀。

4.3.4.4　打开水洗泵进出口电磁阀 FY161、FY175，热水冲洗管略，进行暖管。

4.3.4.5　待 20TW-1 前手动隔离阀前的排污阀流出的水温在 80℃左右，手动关闭水洗泵进出口电磁阀 FY161、FY175。

4.3.4.6　关闭压气机进水管 20TW-1 前手动隔离阀前的排污阀。

4.3.4.7　打开压气机进水管 20TW-1 前手动隔离阀。

4.3.5　清水冲洗并浸泡操作

4.3.5.1　进入"Aux"页面中的"Off line WW"画面，点击"Enable"按钮，启动离线水洗模式，"WW Start Request L43BW"栏由红转绿。

4.3.5.2　边"CRANK"模式下发 START 令，于动启动 88TK-1/2 风机。

4.3.5.3　待机组转速上升到 14HM 动作时，检查可转导叶 IGV 开度到 86°。

4.3.5.4　打开压气机离线水洗电磁阀 20TW-1。

4.3.5.5　在就地水洗控制盘上按下"RINSING ON"，检查水洗泵出口电磁阀 FY175 和进口电磁阀 FY161 先后自动打开后，水洗泵自动启动。

4.3.5.6　清水冲洗压气机 30min 后停水洗泵 88TW，检查水洗泵进出口电磁阀自动关闭。

4.3.5.7　发"STOP"令机组停运，20TW-1 自动关闭，并记录时间。

4.3.5.8　检查机组惰走正常，至零转速时记录惰走时间。

4.3.5.9　机组清水浸泡 60min。

4.3.6　加洗涤剂操作

4.3.6.1　机组在"CRANK"模式下发"START"令。

4.3.6.2　待机组转速上升到 14HM 动作时，检查可转导叶 IGV 开度到 84°。

4.3.6.3　打开压气机离线水洗电磁阀 20TW-1。

4.3.6.4　调节水洗泵出口电磁阀 FY175（大约 40％开度），打开洗涤剂箱出口手动阀。

4.3.6.5　在水洗模块控制盘上按下"WASHING ON"，检查水洗泵进口电磁阀 FY161 自动打开后，水洗泵 88TW 自动启动。

4.3.6.6　手动调节水洗泵进口手动阀 HV121 大约 20％开度。

4.3.6.7　观察洗涤剂箱液位逐渐下降。检查机组各排放阀有药剂流出。

4.3.6.8　控制洗涤剂箱液位下降量在 20cm～25cm 范围。

4.3.6.9　待洗涤剂加完后，停运水洗泵，关闭洗涤剂箱出口手动阀，打开水洗泵进口手动阀 HV121、关闭水洗泵出口电磁阀 FY175。

4.3.6.10 机组发"STOP"令，20TW-1 自动关闭，并记录时间。

4.3.6.11 检查机组惰走正常，至零转速时记录惰走时间。

4.3.6.12 机组洗涤剂浸泡 40min。

4.3.7 清水冲洗操作

4.3.7.1 机组在"CRANK"模式发"START"令。

4.3.7.2 待机组转速上升到 14HM 动作时，检查可转导叶 IGV 开度到 84°。

4.3.7.3 打开压气机离线水洗电磁阀 20TW-1。

4.3.7.4 在水洗模块控制盘上按下"RINSING ON"，检查水洗泵出口电磁阀 FY175 和进口电磁阀 FY161 先后自动打开后，水洗泵自动启动。

4.3.7.5 清水冲洗 30min，观察机组各排放阀排水清澈后，停运水洗泵 88TW。

4.3.7.6 关闭水洗模块各手动隔离阀，机组进入甩干操作，并记录时间。

4.3.8 甩干操作

4.3.8.1 打开 20TW-1 前手动排放阀（暖管阀）。

4.3.8.2 打开电磁阀 20TW-1 后的排污阀 WW12。

4.3.8.3 打开 AD-4 前低点排污阀。

4.3.8.4 观察各低位排放阀无水排出后，发"STOP"令停运机组，选择"COOLDOWN"模式，并记录时间。

4.3.8.5 进入"Aux"页面中的"Off line WW"画面，点击"Disable/Stop"按钮，退出离线水洗模式。

4.3.8.6 停运 88TK-1/2，进行机组阀门恢复操作。

4.3.9 压气机离线水洗隔离措施恢复操作

按照 4.3.3 的相反操作恢复水洗隔离安措。

4.3.10 烘干

4.3.10.1 确认机组各阀位恢复正常。

4.3.10.2 对机组进行主复位。

4.3.10.3 在"START-UP"画面中选择"AUTO"模式，点击"START"启动机组。

4.3.10.4 机组点火正常升速至 FSNL，根据情况并网或者停机。

4.4 定期给油脂

4.4.1 给油脂前准备工作

4.4.1.1 设备给油脂要做到"五定""三级过滤"。具体内容如下：

a)"五定"：

1) 定点：按日常的润滑部位注油，不得遗漏。

2) 定人：设备的日常及定期加油部位，由对应设备责任划分人员负责。

3）定质：按设备要求选定润滑油（脂）品种，油（脂）质量合格，润滑油必须经过"三级过滤"清洁无杂物，方可加入润滑部位。禁止乱用油（脂）或用不干净的油（脂）。

4）定时：对设备的加油部位，按照规定的间隔时间，进行加油、清洗或更换新油。

5）定量：按设备标定的油位和数量，加足所选定的润滑油（脂）。

b）"三级过滤"：领大桶油到固定储油箱，储油箱到油壶（枪），油壶（枪）到润滑部位。

4.4.1.2　准备好加油工具，将注油枪等工具清理干净。

4.4.1.3　提前办理工作票，认真开展危险点分析并做好安全措施，确保加油脂操作过程中的人身安全、设备安全。

4.4.1.4　经测试运行油箱的油理化指标不合格，应进行滤油直至合格。滤油前，滤油机内、外清洁，滤芯合格。

4.4.1.5　检查设备外观有无渗漏现象，防止发生因设备漏油造成环境污染。

4.4.1.6　保证环境清洁，防止设备及现场遭到污染。

4.4.2　给油脂过程中的注意事项

4.4.2.1　保证所给油脂的清洁和质量，防止砂砾、灰尘之类的杂质进入润滑剂中。

4.4.2.2　给油脂过程中，注意所给油脂的油量在加油量规定范围内，随时观察油位，避免溢油。

4.4.2.3　当更换另一种类的润滑剂时，必须将旧的润滑剂彻底清除干净。

4.4.2.4　给油脂后及时封堵好油嘴和加油口，防止异物进入油管。

4.4.2.5　加油过程中，应注意远离转动设备或设备转动部位，如确实需要对正在运行的设备加油脂，应借助加油软管，与转动部位保持一定的安全距离，确保加油脂操作人员的安全。

4.4.2.6　给油脂工作过程中，应严格遵循安全规则，不得随意拆除安全措施及防护遮拦，严禁乱碰、乱动按钮及自动保护装置。

4.4.2.7　由于某些原因，不能进行或未执行的，应经批准后在给油脂工作记录本内记录并注明原因，在条件具备时要及时补做。

4.4.2.8　给油脂工作结束后，如无特殊的要求，应根据现场的实际情况，将设备及系统恢复到原来的状态。

4.4.3　记录给油脂工作的执行情况

建立《设备给油脂记录》，完整、准确的记录设备给油脂工作的执行情况。在执行给油脂工作过程中，发现问题和缺陷时要认真分析，及时处理。

4.4.4　给油脂定期工作内容

给油脂定期工作标准见表 2。

表 2

给油脂定期工作标准

序号	设备名称及型号	润滑部位	给油脂部位	润滑点数	给油脂方法	润滑牌号	补充油标准			更换油标准		备注
							油量	补油周期	检查周期	油量	周期	
1	润滑油箱	轴瓦	油箱加油孔	—	油桶+专用工具	GT32	1~2桶	1年	1天	12500L	根据油质情况	需机组处于盘车状态；油箱空高在305mm上下偏离20mm
2	润滑油泵	轴承	轴承	1	加油枪	EP2	8g~14g	1年	—	30g	25000h或2年	
3	应急油泵	轴承	轴承	1	加油枪	EP2	8g~14g	1年	—	30g	25000h或2年	
4	防喘防气电磁阀	阀杆	给油孔	1	加油枪	EP2	8g~14g	1年	—	—	—	
5	液力变扭器	联轴器齿套	注油孔	2	加油枪	EP2	12g~24g	1年	—	100g	根据油质情况	
6	闭式冷却水泵	轴承	轴承	1	拆端盖	EP2	10g	1年/机组运行3000h	—	30g	2年或15000h	
7	辅机间靠背轮	齿轮	加油孔	1	油壶	gearelf5 85w140	—	—	—	350ml	2年或大小修	
8	进气可转导叶（IGV）	齿轮/齿条	注脂孔	4	加油枪	EP2	8g~14g	1年	—	500g	大小修	
9	天然气速断阀	执行机构和阀体	注脂孔	3	加油枪	EP2	8g~14g	3月	—	80g	—	
10	启动电动机88CR	轴承	注油孔	2	油枪/拆端盖	FAG	30g~50g	2000h或6~12个月	—	容至2/3	4年	
11	辅助润滑油泵电动机88QA	轴承	注油孔	2	油枪/拆端盖	3号锂基脂	30g~50g	2000h或6~12个月	—	容至2/3	4年	
12	应急润滑油泵电动机88QE	轴承	端盖	2	拆端盖	3号锂基脂	无	无	—	容至2/3	3000h~4000h或3~4年	
13	辅助液压泵电动机88HQ	轴承	注油孔	2	油枪/拆端盖	3号锂基脂	30g~50g	2000h或6~12个月	—	容至2/3	4年	

续表

序号	设备名称及型号	润滑部位	给油脂部位	润滑点数	给油脂方法	润滑牌号	补充油标准			更换油标准		备注
							油量	补油周期	检查周期	油量	周期	
14	油雾分离器电动机88QV	轴承	端盖	2	拆端盖	3号锂基脂	无	无	—	答至2/3	电动机轴承有异声时	
15	燃气轮机盘车电动机88TG	轴承	注油孔	2	油枪/拆端盖	3号锂基脂	30g~50g	2000h或6~12个月	—	答至2/3	4年	
16	冷却水泵电动机88WC	轴承	端盖	2	拆端盖	3号锂基脂	无	无	—	答至2/3	3000h~4000h或3~4年	
17	透平框架风机88TK	轴承	注油孔	2	油枪/拆端盖	3号锂基脂	30g~50g	2000h或6~12个月	—	答至2/3	4年	
18	轮机间风机88BT	轴承	注油孔	2	油枪/拆端盖	3号锂基脂	30g~50g	2000h或6~12个月	—	答至2/3	4年	
19	负荷间风机88VG	轴承	端盖	2	拆端盖	3号锂基脂	无	无	—	答至2/3	电动机轴承有异声时	
20	气体小间风机88VL	轴承	端盖	2	拆端盖	3号锂基脂	无	无	—	答至2/3	电动机轴承有异声时	
21	顶轴油泵电动机88QB	轴承	端盖	2	拆端盖	3号锂基脂	无	无	—	答至2/3	3000h~4000h或3~4年	
22	液力变矩器电动机88TM	轴承	端盖	2	拆端盖	3号锂基脂	无	无	—	答至2/3	3000h~4000h或3~4年	
23	反吹风机	轴承	端盖	2	拆端盖	3号锂基脂	无	无	—	答至2/3	电动机轴承有异声时	
24	水洗模块电动机	轴承	端盖	2	拆端盖	3号锂基脂	无	无	—	答至2/3	3000h~4000h或3~4年	

参 考 文 献

［1］ 黄庆宏. 汽轮机和燃气轮机原理级应用 ［M］. 南京：东南大学出版社，2005.

［2］ 焦树建. 燃气-蒸汽联合循环 ［M］. 北京：机械工业出版社，2006.

［3］ 姚秀平. 燃气-蒸汽联合循环 ［M］. 北京：中国电力出版社，2010.

［4］ 邓小文，肖小清，张俊杰. 燃气-汽机联合循环发电机组轴系统配置的思考 ［J］. 广东电力，2005，18（04）：1-8.

［5］ 中国社会经济调查研究中心. 中国燃气轮机行业竞争分析与市场阀站前景预测报告. 2010.